Einstellungsinterviews vorbereiten und durchführen

Praxis der Personalpsychologie
Human Resource Management kompakt
Band 32

Einstellungsinterviews vorbereiten und durchführen

Prof. Dr. Heinz Schuler, Dr. Patrick Mussel

Heinz Schuler
Patrick Mussel

Einstellungs-interviews vorbereiten und durchführen

hogrefe

Prof. Dr. Heinz Schuler, geb. 1945. Studium der Psychologie und Philosophie in München. 1973 Promotion und 1978 Habilitation an der Universität Augsburg. 1979–1982 Professor und Institutsleiter an der Universität Erlangen. Von 1982–2010 Inhaber des Lehrstuhls für Psychologie an der Universität Hohenheim, Stuttgart. Gründungsherausgeber der Zeitschrift für Personalpsychologie. Langjähriger Vorsitzender der Ethikkommissionen der DGPs und des BDP. Berater zahlreicher Unternehmen und Behörden.

Dr. Patrick Mussel, geb. 1976. Studium der Psychologie an der Universität Trier. 2007 Promotion an der Universität Hohenheim. Anschließend tätig als Leiter Forschung und Entwicklung sowie Mitglied der Geschäftsleitung bei S & F Personalpsychologie. Seit 2010 wissenschaftlicher Mitarbeiter an der Julius-Maximilians-Universität Würzburg. Lehrbeauftragter an verschiedenen Hochschulen. Forschungsschwerpunkte: Differentielle Psychologie, insbesondere die Struktur der Persönlichkeit, neuronale Grundlagen sowie Anwendungsaspekte im Kontext der Personalpsychologie.

Bibliografische Information der Deutschen Nationalbibliothek
Die Deutsche Nationalbibliothek verzeichnet diese Publikation in der Deutschen Nationalbibliografie; detaillierte bibliografische Daten sind im Internet über http://dnb.dnb.de abrufbar.

Hogrefe Verlag GmbH & Co. KG
Merkelstraße 3
37085 Göttingen
Deutschland
Tel.: +49 551 99950 0
Fax: +49 551 99950 111
E-Mail: verlag@hogrefe.de
Internet: www.hogrefe.de

Umschlagbild: © Johnny Greig – istockphoto.com
Satz: ARThür Grafik-Design & Kunst, Weimar
Druck: Media-Print Informationstechnologie GmbH, Paderborn
Printed in Germany
Auf säurefreiem Papier gedruckt

1. Auflage 2016

(E-Book-ISBN [PDF] 978-3-8409-2397-5; E-Book-ISBN [EPUB] 978-3-8444-2397-6)
ISBN 978-3-8017-2397-2
http://doi.org/10.1026/02397-000

Inhaltsverzeichnis

1 Einstellungsinterview: Konzept und Grundlagen

Das Einstellungsinterview ist die wichtigste Methode zur Auswahl von Mitarbeitern. Es vermittelt dem Auswählenden ein Bild von der Person und der Qualifikation des Bewerbers, es informiert den Bewerber über Tätigkeit und Unternehmen, es bringt – im positiven Fall – beide als Arbeitspartner zusammen, und es ist die Basis ihrer unmittelbaren Vereinbarungen wie ihrer späteren Zusammenarbeit. Kein anderes Auswahlverfahren kann die Summe dieser Funktionen leisten. Da Einstellungsinterviews gleichzeitig auch noch von Interviewern und Interviewten besonders geschätzt werden, ist es nicht verwunderlich, dass sie zu den am häufigsten durchgeführten Auswahlverfahren gehören.

Das erste Kapitel des vorliegenden Buches beginnt mit einer kurzen Begriffsbestimmung und einer Abgrenzung von verwandten, häufig verwendeten Begriffen. Anschließend wird die Rolle des Einstellungsinterviews im Kontext anderer Verfahren der Personalauswahl erörtert, insbesondere die Frage, durch welche Verfahren ein Auswahlprozess ergänzt werden sollte. Dafür wird ein Modell skizziert, das Auswahlverfahren identifiziert, die sich speziell für die Vorauswahl eignen. Des Weiteren finden sich in diesem einleitenden Kapitel Angaben bezüglich der Bedeutung von Einstellungsinterviews für das Personalmanagement, insbesondere zu Verwendungshäufigkeit und Akzeptanz. Abschließend wird berichtet, welchen monetären Nutzen gut konstruierte Interviews stiften können; diesen Ausführungen geht ein Abschnitt über den wichtigsten Parameter solcher Berechnungen voraus, die Validität von Interviews.

1.1 Begriffsbestimmung

Ein Einstellungsinterview kann definiert werden als ein persönliches Gespräch zwischen einem Stellenbewerber und wenigstens einem Repräsentanten einer Organisation mit dem Ziel der Prognose zuvor definierter beruflicher Kriterien, wobei beide Seiten sich sowohl um ein zukünftiges Arbeitsverhältnis bemühen als auch hierüber entscheiden (Mussel, 2007b; Schuler, 2002).

Definition

Diese Definition fokussiert auf das persönliche Gespräch, wobei Varianten über elektronische Medien wie Telefon, Videotelefonie oder Chat zahlreiche Ähnlichkeiten mit einem persönlichen Gespräch haben und in empirischen Studien vergleichbare psychometrische Eigenschaften aufweisen (Schmidt & Rader, 1999). Die Besonderheit des persönlichen Gesprächs liegt in Aspekten wie nonverbaler Kommunikation und insbesondere dem persönlichen Kontakt, der die einzigartige Situation des persönlichen Gesprächs maßgeblich bestimmt. Gespräche über elektronische Medien sind bezüglich dieser charakteristischen Merkmale eingeschränkt und daher nur im weiteren Sinne des Begriffs den Einstellungsinterviews zugehörig. Dabei weisen das Telefonat und insbesondere das Videotelefonat noch vergleichsweise bedeutsame Gemeinsamkeiten mit dem persönlichen Gespräch auf, während schriftliche Kommunikation die meisten Merkmale des Gesprächs vermissen lässt. Ein Beispiel für eine weite Definition, die auch diese Formen der Kommunikation berücksichtigt, stammt von Eder und Harris (1999, S. 2), die die Interviewsituation mit dem Begriff „interviewer-applicant exchange of information“ umschreiben.

Wie schon Uhrbrock (1948) feststellte, der Interviews als „conversation with a purpose“ bezeichnete, grenzen sich Einstellungsinterviews darüber hinaus von anderen Interaktionen durch ihre spezifische Zielsetzung ab, die hier als Prognose von beruflichen Kriterien umschrieben wurde. Dazu gehören Kriterien beruflicher Leistung ebenso wie die Passung zwischen Bewerber und Organisation, Beförderung, Trainingserfolg, Absentismus und Fluktuation (vgl. Wiesner & Cronshaw, 1988). Der Hinweis auf die vorherige Definition dieser Kriterien bringt den Anforderungsbezug eines Einstellungsinterviews zum Ausdruck, das sich stets an den Besonderheiten der zu besetzenden Position orientiert, wobei es sich auch um eine intern zu besetzende Position handeln kann.

Die Beidseitigkeit im Bemühen und Entscheiden über ein Arbeitsverhältnis greift insbesondere die von Schuler (2002) betonte Perspektive des Bewerbers auf. Die klassische Auffassung des Gesprächs beinhaltet einen Bewerber, der sich möglichst positiv darstellt, um ein Stellenangebot zu erhalten, sowie Repräsentanten der Organisation, die Informationen einholen und sich auf dieser Grundlage für einen von i. d. R. mehreren Bewerbern entscheiden. Interessanterweise nehmen beide Protagonisten während des Gesprächs auch die umgekehrte Rolle ein. Auf Seiten der Organisation ist damit das Werben um einen (geeigneten) Bewerber als Element des Personalmarketings wie auch die Vermittlung eines positiven Images der Organisation angesprochen, das den Bewerber z. B. als potenziellen Kunden der eigenen Produkte versteht. Auf Seiten des Bewerbers werden zunächst Informationen über Arbeitstätigkeit und Beschäftigungsmodalitäten eingeholt, um auf möglichst solider Grundlage eine Entscheidung für eine von möglicherweise mehreren Organisationen treffen zu können. Diese verschiedenen Zielsetzungen steuern das Auftreten und den Informationsaustausch der Protagonisten und prägen damit den spezifischen Charakter des Einstellungsgesprächs.

Neben der Bezeichnung Einstellungsinterview finden sich auch andere Begrifflichkeiten, wie Interview, Auswahlgespräch und Vorstellungsgespräch, die im Folgenden jedoch synonym gebraucht werden. Falls diese Begriffe Unterschiedliches zum Ausdruck bringen, so ist von Interview und Einstellungsinterview dann die Rede, wenn es sich um systematische und strukturierte Verfahren handelt, wohingegen der Bezeichnung Auswahlgespräch auch unstrukturierte, frei geführte Gespräche zuzurechnen sind. Der Begriff Vorstellungsgespräch schließlich betont vornehmlich die Perspektive des Bewerbers. Der in diesem Buch verwendete Begriff Einstellungsinterview ist auch gut vereinbar mit dem im Englischen am häufigsten gebrauchten Begriff „employment interview" und bringt zum Ausdruck, dass das Ergebnis des Gesprächs darauf abzielt, eine Entscheidung über eine spätere Einstellung zu treffen. Es sei noch erwähnt, dass der Begriff weniger gut auf interne Platzierungen zutrifft – beispielsweise im Rahmen von Karriereentscheidungen, bei der Zuordnung von Entwicklungsprogrammen oder bei Umsetzungs- und Freisetzungsentscheidungen –, da in diesem Fall eine Einstellung ja bereits erfolgt ist. In diesem Zusammenhang ist am ehesten der Terminus Interview oder eignungsdiagnostisches Gespräch zu wählen (Schuler, 2002).

Begrifflichkeit: Benennung und Abgrenzung

Auf die Hauptfunktion des Einstellungsinterviews, die Prognose verschiedener Kriterien beruflichen Erfolgs, wurde bereits hingewiesen. Wie Tabelle 1 zu entnehmen ist, erfüllt das Einstellungsinterview darüber hinaus eine Reihe weiterer Funktionen, die hier getrennt aus Perspektive des Bewerbers und der auswählenden Organisation aufgeführt sind. Da das Einstellungsinterview in der Regel den ersten persönlichen Kontakt zwischen Bewerber und Vertretern der Organisation darstellt, besteht eine wichtige Funktion zunächst im persönlichen Kennenlernen sowie dem Aufbau einer gemeinsamen Beziehung. Das Unternehmen kann diese Gelegenheit darüber hinaus nutzen, um sich selbst zu präsentieren und geeignete Bewerber zu gewinnen. Der zweite in Tabelle 1 genannte Aspekt betrifft die Informationsgewinnung, wobei das Unternehmen Informationen über anforderungsrelevante Eigenschaften und Erfahrungen sowie zur Passung zum Unternehmen mit dem Ziel einer Leistungsprognose einholen kann. Darüber hinaus bietet das Interview die Möglichkeit, Informationen aus Bewerbungsunterlagen zu verifizieren. Schließlich erhalten Unternehmensvertreter Informationen über den Bewerber- und Arbeitsmarkt, zum einen über die Eindrücke verschiedener Gespräche hinweg, zum anderen über gezielte Fragen, z. B. nach den bisherigen Bewerbungsbemühungen eines Kandidaten. Die Bewerber haben im Gegenzug die Möglichkeit, Informationen über den angestrebten Arbeitsplatz, über die Tätigkeit und zugrunde liegende Anforderungen wie über das Unternehmen als Ganzes zu erhalten. Darüber hinaus werden sie über den weiteren Auswahlprozess informiert. Aus den Rückmeldungen der Interviewer sowie dem Abschneiden im Interview erhalten die Bewerber darüber hinaus Informationen über ihren eigenen Marktwert am Arbeitsmarkt.

Das Einstellungsinterview erfüllt verschiedene Funktionen

Tabelle 1:
Funktionen des Einstellungsinterviews (nach Mussel, 2007a, S. 18)

	Organisation	Bewerber
Persönliches Kennenlernen	persönliche Beziehung aufbauen; Unternehmen präsentieren; qualifizierte Bewerber gewinnen	Kontakt zum Unternehmen herstellen; Sympathie und Vertrauen aufbauen
Informationsgewinnung	Leistungsprognose; Passung zum Unternehmen ermitteln; Informationen aus Bewerbungsunterlagen verifizieren; Informationen über den Arbeitsmarkt erhalten	Informationen über Arbeitsplatz, Tätigkeit, Anforderungen, Unternehmenskultur und Auswahlprozess erhalten; eigenen Marktwert bestimmen
Entscheidung	Entscheidung über Annahme/Weiterprüfung/Ablehnung, ggf. Angebot unterbreiten	Entscheidung zwischen potenziellen Arbeitgebern treffen; Absprachen treffen; Bedingungen aushandeln

Die dritte Funktion betrifft die im Gespräch zu treffende Entscheidung, die auf Grundlage der im Gespräch erhobenen Informationen wie auch weiterer Aspekte erfolgen kann, wie beispielsweise zuvor erhobener Testdaten oder Informationen aus Bewerbungsunterlagen. Auf Seiten der Organisation wird dabei über Ablehnung oder Annahme eines Kandidaten entschieden bzw. – im Falle weiterer Selektionsschritte – über Ablehnung oder weitere Prüfung, beispielsweise im Rahmen eines Assessment Centers, einer Arbeitsprobe oder einer Probezeit. Doch nicht nur die Organisation, auch die Bewerber haben eine Entscheidung zu treffen, und zwar bezüglich der Ablehnung oder Annahme eines potenziellen Arbeitsplatzangebots. Neben den Arbeits-, Gehalts- und Aufstiegsbedingungen der betreffenden Position spielen dabei auch das Image, die wahrgenommene Passung mit der Unternehmenskultur und der Standort des Unternehmens eine Rolle, ebenso wie die Abwägung zwischen mehreren potenziell vorliegenden Angeboten. Insbesondere die Diskussion um Fachkräftemangel sowie die demografische Entwicklung verlagern die Entscheidung dabei zunehmend weg von der Organisation, hin zu den Bewerbern.

1.2 Die Rolle des Interviews im Auswahlprozess

Wenngleich Einstellungsinterviews als die wichtigsten Verfahren der Personalauswahl angesehen werden können, so werden sie in der Praxis häufig mit anderen Verfahren kombiniert. Insbesondere in umfangreichen Auswahlprozessen mit vielen Bewerbern kommen eine Reihe weiterer Verfahren zum Einsatz, die in der Regel sequenziell eingesetzt werden. Interviews kommen dabei zu einem späten Zeitpunkt zum Einsatz, was sich vor allem durch den hohen Aufwand erklären lässt, der mit der Durchführung von Einstellungsinterviews verbunden ist. Höhere Kosten im Vergleich zu anderen Auswahlverfahren entstehen dabei durch die Anreise der Kandidaten sowie die Arbeitszeit für die Vorbereitung, Durchführung, Auswertung und Entscheidung, wobei die Kandidaten in der Regel einzeln von mindestens einem, oft sogar mehreren Vertretern der Organisation interviewt werden.

Auswahlprozesse: Ein Beispiel

Einen typischen Auswahlprozess beschreiben Schuler und Brandenburg (2003). Für die Auswahl von Mitarbeitern einer neu gegründeten Tochterfirma von Volkswagen, der Auto5000 GmbH, waren rund 3 500 Stellen zu besetzen, vornehmlich in der Produktion. Die Bewerbung für diese Stellen erfolgte über einen internetgestützten Fragebogen; neben klassischen Lebenslaufinformationen bearbeiteten die Kandidaten dabei schon erste psychologische Testverfahren, beispielsweise zu sozialer Kompetenz und kognitiven Fähigkeiten. Diese Stufe ist als Negativselektion zu sehen, d. h. es wurden nur Bewerber aus dem Prozess ausgeschlossen, die die Mindestanforderungen nicht erfüllten. Geeignete Bewerber wurden zu einer zweiten, ausführlicheren Testung in Jobcentern eingeladen. In geschützter Umgebung konnten umfangreichere Diagnosen durchgeführt werden, die bei einer Bearbeitung über das Internet zu hohem Drop-out geführt hätten; ferner konnte die Identifikation der Bewerber sichergestellt werden. Kandidaten, deren Testergebnisse hohe Passung mit den Anforderungen der Stelle aufwiesen, wurden zu einem weiteren Termin eingeladen, an dem auch das Interview stattfand. Als Interviewverfahren wurde ein Multimodales Interview durchgeführt, das in Kapitel 3.4 noch vorgestellt wird. Darüber hinaus fanden im Rahmen dieses Termins auch Assessment Center-Aufgaben statt, wie beispielsweise Rollenspiele, Gruppendiskussionen sowie eine händische Arbeitsprobe. Aufgrund der Gesamtleistung in diesen Verfahren und dem Interview wurden die geeignetsten Kandidaten noch einem Gesundheitscheck unterzogen, bevor sie ein Einstellungsangebot erhielten. Auf der letzten Stufe liegt somit die Auswahlentscheidung auf Seiten der Bewerber, die sich für oder gegen ein potenzielles Angebot entscheiden müssen. Die insgesamt 3 500 eingestellten Personen produzieren seither eines der Erfolgsmodelle des Konzerns, den Touran.

Durch diese Gestaltung des Auswahlprozesses konnte die Anzahl der durchzuführenden Interviews deutlich reduziert werden. Von den insgesamt 48 000 Bewerbern, die sich im Internet registriert hatten, wurden 11 500 zu Interview und Assessment Center eingeladen. Somit reduzierte sich der mit diesen Verfahren entstandene Aufwand um rund drei Viertel. Auf eine zweite Funktion, die Vorauswahlverfahren neben der Reduktion der Anzahl durchzuführender Diagnosen in einem Personalauswahlprozess haben, wird im nächsten Abschnitt eingegangen.

Bezüglich der Rolle von Interviews im Auswahlprozess ist auch deren zeitlicher Umfang von Interesse. Stephan und Westhoff (2002) befragten rund 100 mittelständische Unternehmen nach deren Gewohnheiten für die Auswahl von Führungskräften. Es zeigte sich, dass in nur 5 % der Fälle Interviews unter einer halben Stunde dauern, in 29 % der Fälle bis zu einer Stunde und am häufigsten (in 41 % der Fälle) bis zu eineinhalb Stunden. Immerhin ein Viertel der Interviews dauerten noch länger.

1.3 Vorauswahlverfahren

Prozesseffizienz und diagnostischer Zuwachs: Zwei Prinzipien der Kombination verschiedener Verfahren der Personalauswahl

Einen Personalauswahl- bzw. Potenzialanalyseprozess um Verfahren der Vorauswahl zu erweitern, kann auf zwei verschiedenen Ebenen Nutzen stiften: zum einen im Sinne einer höheren Prozesseffizienz, zum anderen durch einen diagnostischen Zuwachs der resultierenden Entscheidung (vgl. Mussel, Frintrup, Pfeiffer & Schuler, 2007). Der Aspekt der Prozesseffizienz bezieht sich auf den Aufwand, der im Rahmen eines Auswahlprozesses entsteht. Wie bereits angesprochen, sind Interviews relativ aufwendige Verfahren, sowohl was ihre Entwicklung betrifft als auch in Bezug auf die Durchführung. Vorauswahlverfahren können einen Beitrag zur Prozesseffizienz leisten, wenn sie geringeren Aufwand verursachen und in der Lage sind, das Abschneiden im Interview möglichst gut vorherzusagen. Durch solche Verfahren wird die Grundquote (der Anteil der Geeigneten unter den Bewerbern) erhöht, sodass – bei gleicher Validität und Nutzen des Auswahlprozesses – weniger Kandidaten zum Interview eingeladen zu werden brauchen. Dadurch verringern sich die Kosten für den gesamten Prozess.

Der diagnostische Zuwachs resultiert aus dem Einsatz von solchen Vorauswahlverfahren, die die Validität des Gesamtprozesses erhöhen. Diese Verfahren können also Varianzanteile beruflichen Erfolgs vorhersagen, die durch Einstellungsinterviews nicht prognostizierbar sind. Gemeinsam und in optimaler Gewichtung sind dadurch bessere Entscheidungen möglich, d. h. die ausgewählten Personen leisten später mehr, zeigen höheres Commitment oder verringerte Fluktuation.

Das Kriterium der *Prozesseffizienz* reduziert die Kosten für den Auswahlprozess, weil weniger Personen zum Interview eingeladen werden müssen. Das Kriterium des *diagnostischen Zuwachses* führt zu verbesserten Entscheidungen, weil die Validität des Auswahlprozesses steigt.

Welche Verfahren eignen sich für die Vorauswahl?

In Abbildung 1 wurde auf Grundlage empirischer Daten der jeweilige Nutzen für unterschiedliche Vorauswahlverfahren bestimmt (vgl. Mussel, 2007a). Die Prozesseffizienz ergibt sich dabei aus der Prognosekraft eines Verfahrens für das Abschneiden im Interview; sie wurde in Abbildung 1 durch die unkorrigierte bivariate Korrelation zwischen diesem Verfahren und dem Interview operationalisiert. Der diagnostische Zuwachs entspricht der inkrementellen Validität eines Verfahrens über das Interview hinaus; er berechnet sich aus der Korrelation zwischen einem Verfahren und dem Interview sowie den

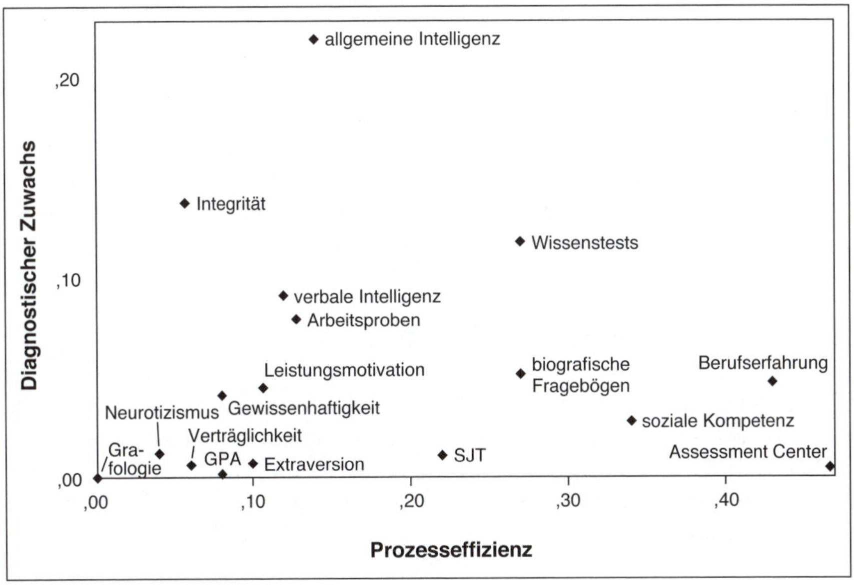

Abbildung 1:
Nutzen konstruktorientierter Forschung für die Gestaltung von Auswahlprozessen; Prozesseffizienz entspricht der Korrelation mit dem Interview; diagnostischer Zuwachs entspricht der inkrementelle Validität über die prognostische Validität des Interviews (.44) hinaus. (GPA: Grade Point Average, vergleichbar mit der durchschnittlichen Abschlussnote; SJT: Situational Judgement-Test, nach Mussel, 2007a, S. 25)

jeweiligen prädiktiven Validitäten, die bezüglich Messungenauigkeit im Kriterium sowie ggf. Streuungseinschränkungen korrigiert sind (die entsprechenden Quellen finden sich bei Mussel, 2007a, S. 270).

Je nach Rahmenbedingungen und Zielsetzung kann eine Empfehlung abgeleitet werden, welche Merkmale sich für die Vorauswahl für ein Einstellungsgespräch eignen. Verfahren, die auf der rechten Seite der Abbildung liegen, können das Ergebnis im Interview gut vorhersagen. Hierzu zählen die bisherige Berufserfahrung eines Kandidaten sowie Verfahren zur Erfassung von sozialer Kompetenz. Theoretisch wären auch Assessment Center geeignet, um das Abschneiden im Interview vorherzusagen; aufgrund des mit der Durchführung dieser Verfahren verbundenen Aufwands stellt das jedoch eher eine theoretische Option dar. Insgesamt müssten bei entsprechender Vorselektion auf Basis solcher Verfahren bei gleichbleibender prognostischer Validität des Gesamtprozesses weniger Kandidaten zum Interview eingeladen werden, wodurch der Prozess effizienter wird.

Verfahren, die sich im oberen Bereich der Abbildung befinden, stiften einen zusätzlichen diagnostischen Nutzen. Dies gilt besonders für Verfahren, die – für sich genommen – über hohe prognostische Validität verfügen und dabei andere Merkmale erfassen als das Interview. Aus dieser Betrachtung wird die hohe Bedeutung allgemeiner Intelligenz für die Prognose beruflichen Erfolgs ersichtlich; doch auch Testverfahren zur Erfassung von Integrität oder Wissenstests stiften zusätzlichen Nutzen. Letztere sind insofern interessant, als sie relativ weit im rechten oberen Bereich der Grafik liegen und somit beide Funktionen erfüllen. Hingegen sind Verfahren in der unteren linken Ecke bezüglich der beiden betrachteten Funktionen von nur geringem Nutzen, allen voran grafologische Gutachten.

1.4 Verwendungshäufigkeit

Einstellungsinterviews sind aus Rekrutierungsprozessen nicht wegzudenken, sodass sie als ubiquitäre Instrumente des Personalmanagements anzusehen sind. Grund hierfür sind vor allem die bereits genannten vielfältigen Funktionen, die das Interview erfüllt. Darüber hinaus zählen Einstellungsinterviews sowohl bei Interviewern wie auch bei Bewerbern zu den beliebtesten Verfahren der Personalauswahl.

Die Einsatzhäufigkeit von externen Verfahren der Personalauswahl wurde von Schuler, Hell, Trapmann, Schaar und Boramir (2007) untersucht. Insgesamt wurden dabei 125 umsatzstarke Unternehmen unterschiedlicher Größe und Branche befragt. Es zeigte sich, dass Einstellungsinterviews ohne

Tabelle 2:
Einsatzhäufigkeit von externen Personalauswahlverfahren (nach Schuler et al., 2007, S. 63)

	nach Schuler et al. (2007)	nach Schuler et al. (1993)	Veränderungsrate in Prozentpunkten
Stichprobengröße N	125	105	
strukturiertes telefonisches Interview	32,0 %	–	–
unstrukturiertes telefonisches Interview	24,0 %	–	–
strukturiertes Einstellungsinterview durch PA	81,6 %	70,0 %	+ 11,6
unstrukturiertes Einstellungsinterview durch PA	33,6 %	57,0 %	–23,4
strukturiertes Einstellungsinterview durch FA	64,0 %	49,0 %	+ 15,0
unstrukturiertes Einstellungsinterview durch FA	51,2 %	69,0 %	–17,8

Anmerkungen: PA: Personalabteilung; FA: Fachabteilung

Ausnahme von allen befragten Unternehmen eingesetzt wurden. Damit lag die Einsatzhäufigkeit von Interviews sogar noch vor jener von Bewerbungsunterlagen, die von 99,2 % der befragten Unternehmen eingesetzt wurden. Die detaillierten Ergebnisse für unterschiedliche Formen von Einstellungsverfahren sind Tabelle 2 zu entnehmen. Dabei zeigte sich, dass strukturierte Einstellungsgespräche häufiger durchgeführt wurden als unstrukturierte. Dieser Unterschied war besonders für Interviews ausgeprägt, die durch die Personalabteilung durchgeführt wurden, wohingegen von der Fachabteilung geführte Gespräche noch in der Hälfte der Unternehmen unstrukturiert geführt wurden. Ein Vergleich nach Berufsgruppen zeigt, dass unstrukturierte Einstellungsinterviews durch die Fachabteilung vor allem für ungelernte Arbeiter sowie Praktikanten und Diplomanden durchgeführt werden.

Befragungen ergeben, dass alle Unternehmen Einstellungsinterviews nutzen

Im Vergleich mit einer gut zehn Jahre zuvor durchgeführten Untersuchung lässt sich dabei ein klarer Trend erkennen, wonach die Anwendungshäufigkeit strukturierter Interviewverfahren steigt, wohingegen unstrukturierte Interviews seltener angewandt werden (Schuler, Frier & Kaufmann, 1993). Damit folgt die Praxis der in der Literatur bereits seit geraumer Zeit geäußerten Empfehlung zum Einsatz strukturierter Interviewsysteme (z. B. Mayfield, 1964; Wagner, 1949). Deren Beschaffenheit und Vorzüge werden in einem späteren Kapitel ausführlich dargestellt. Telefoninterviews werden am häufigsten für die Auswahl von Trainees eingesetzt.

Der Trend geht zu strukturierten Einstellungsinterviews

Hell, Schuler, Boramir und Schaar (2006) berichten, dass Interviews auch im Kontext der internen Auswahl die am häufigsten eingesetzten Instrumente darstellen. Insgesamt gaben dabei 93 % der Unternehmen an, auf Interviews für die Auswahl bereits im Unternehmen beschäftigter Personen zurückgreifen, beispielsweise für Arbeitsplatzwechsel oder für Maßnahmen der Personalentwicklung. Auch hier werden inzwischen häufiger strukturierte Interviews als unstrukturierte eingesetzt.

Die Verwendung von Interviews speziell im Mittelstand wurde von Stephan und Westhoff (2002) für die Besetzung von Führungskräftepositionen untersucht. Die Autoren konnten bestätigen, dass auch für diese Zielgruppe und Unternehmensgröße Interviews in praktisch allen Fällen zum Einsatz kamen (98 %). Hingegen zeigte sich, dass die Verwendung von strukturierten Interviews weitaus seltener erfolgt. Beispielsweise machte weniger als ein Drittel der Unternehmen Anforderungen an den künftigen Stelleninhaber an konkretem Verhalten fest, noch weniger Unternehmen definieren erforderliche Mindestausprägungen. Auch formulierten nur 14 % der befragten Unternehmen vorab Fragen an die Kandidaten; gut die Hälfte der befragten Unternehmen bereiteten sich durch eine Stichwortliste vor, in 27 % der Fälle erfolgte gar keine Vorbereitung. Auch die Auswertung erfolgte meist anhand globaler Kriterien, so wurden beispielsweise die Hälfte der Interviews nach den Stärken und Schwächen der Kandidaten ausgewertet. Der Vergleich der hier geschilderten Untersuchungen legt nahe, dass der Einsatz strukturierter

Unterschiede zwischen mittelständischen und Großunternehmen

Interviews stark von der Größe der befragten Unternehmen abhängt. Damit ist insbesondere im Mittelstand und – vermutlich noch stärker – bei kleineren Unternehmen ein großer Bedarf identifiziert, Auswahlprozesse durch die Entwicklung strukturierter Interviewsysteme zu optimieren.

Gründe für den Einsatz unstrukturierter Verfahren

Dipboye (1997) diskutiert in seinem Review einige Ursachen für den Einsatz unstrukturierter Interviews. Als einen der Gründe nannte er dabei die Folgen der Strukturierung auf die Tätigkeit des Interviewers, da durch vorgegebene Fragen, Antwortskalierungen und mathematische Gesamtwertberechnungen deren Tätigkeitsspielraum verringert wird. Während das Führen unstrukturierter Interviews eine ganzheitliche und anspruchsvolle Aufgabe darstellt, haben Interviewer im Falle strukturierter Interviews eine eher monotone Aufgabe mit weniger Optionen, beispielsweise um einen Bewerber für die Annahme eines Arbeitsvertrags zu gewinnen. Auch wirkt sich die Strukturiertheit auf die Macht des Interviewers aus. Entgegen den Interessen seines Unternehmens könnte dieser im unstrukturierten Interview beispielsweise einem schwachen Kandidaten den Vorzug geben, da dieser ihm später keine Konkurrenz machen wird. Neben diesen mikropolitischen Argumenten diskutiert Dipboye auch den Fall, in dem ein unstrukturiertes Interview tatsächlich angebrachter sein kann, beispielsweise wenn die Passung des Bewerbers zur Unternehmenskultur oder zum Team erfasst werden soll.

1.5 Akzeptanz

Ein in den vergangenen Jahren verstärkt in den Blickpunkt des Interesses gerückter Forschungsbereich betrifft die Akzeptanz eignungsdiagnostischer Verfahren und Prozesse. Dafür ist eine Reihe von Gründen verantwortlich: Bewerber, die sich mit dem Prozess der Auswahl unzufrieden zeigen, könnten ihre Bewerbung zurückziehen, wodurch dem Unternehmen unmittelbar zusätzliche Kosten im Bewerbungsprozess entstehen und, was noch schwerer wiegen dürfte, das Unternehmen potenziell geeignete Bewerber verliert. Darüber hinaus können negative Erfahrungen mit Auswahlverfahren das Image des Unternehmens beeinträchtigen, sowohl bezüglich des Arbeitgeberimages für zukünftige Bewerber als auch in Bezug auf das Kaufverhalten der Produkte des Unternehmens. Schließlich können sich negative Erfahrungen im Auswahlprozess auch auf bereits eingestellte Bewerber auswirken, beispielsweise in Form von verringertem Commitment, Werten oder Einstellungen.

Wie wird das Einstellungsinterview durch die Bewerber eingeschätzt?

Über die Bewertung eignungsdiagnostischer Verfahren liegen inzwischen metaanalytisch zusammengefasste Ergebnisse vor. In die Studie von Hausknecht, Day und Thomas (2004) gingen dabei 12 Studien ein. Die Autoren skalierten die Ergebnisse jeweils auf einer Skala von 1 (negative Bewertung) bis 5 (positive Bewertung). Von den zehn untersuchten Verfahren erhielten Einstellungsinterviews mit 3,7 die höchste Einschätzung, gefolgt von Arbeitsproben und Bewerbungsunterlagen (beide 3,6). Intelligenztests (3,1) rangierten im Mittelbereich, gefolgt von Persönlichkeitstests, biografischen Verfahren, persönlichen Kontakten und Integritätstests (2,4 bis 2,8). Am wenigsten beliebt waren grafologische Verfahren (1,8). Die Ergebnisse sind über verschiedene Branchen und Länder relativ stabil. Damit zählen Interviews auch unter Bewerbern zu den beliebtesten Instrumenten der Personalauswahl.

Es wurden einige Modelle vorgeschlagen, die Antezedenzien von Bewerbereinschätzungen zu erklären versuchen. Besondere Beachtung hat dabei das Modell von Gilliland (Steiner & Gilliland, 1996) erfahren, das Modellen zur organisationalen Gerechtigkeit entlehnt ist. Dabei wird davon ausgegangen, dass Menschen bestimmte Erwartungen daran haben, wie sie in Auswahlsituationen behandelt werden möchten. Die als Gerechtigkeitsregeln bezeichneten Erwartungen beziehen sich dabei auf prozedurale (z. B. Berufsbezug der eingesetzten Methoden, Konsistenz in der Bewertung) sowie distributive (entscheidungsbezogene) Aspekte. Wenn bestimmte Gerechtigkeitsregeln nicht erfüllt werden, so resultiert nach diesem Modell wahrgenommene Unfairness, wohingegen eingehaltene Regeln zu wahrgenommener Fairness führen. Diese wahrgenommene Fairness kann ihrerseits Auswirkungen auf personelle (z. B. die Wahl eines Berufs) und organisationale (z. B. die eingeschätzte Attraktivität der Organisation) Aspekte haben. Ployhart und Harold (2004) ergänzten dieses Modell um Aspekte der Attribution, wobei eine empirische Überprüfung dieser Ergänzung noch aussteht. Ein weiteres Modell zu Reaktionen der Bewerber auf Auswahlsituationen wurde von Schuler (1990, 2000) unter dem Begriff der sozialen Validität vorgestellt. Es basiert auf vier Faktoren, deren positive Ausprägung die Akzeptanz von Auswahlverfahren bzw. -prozessen positiv beeinflusst. Eine Beschreibung der Faktoren findet sich in untenstehendem Kasten.

Einflussfaktoren auf die Akzeptanz eignungsdiagnostischer Verfahren

Aspekte der sozialen Validität (nach Schuler, 1990)

Information

- über die Aufgabenbereiche der Tätigkeit
- über erfolgskritische Anforderungen
- über die wichtigsten Organisationsmerkmale und -ziele
- über Organisationskultur und -stil (z. B. Interaktion, Führung, Klima)
- über Möglichkeiten persönlicher und beruflicher Entwicklung und weitere Aspekte, die sich als bedeutsam für Leistung und Befinden erwiesen haben und Selbstselektion erleichtern

Partizipation/Kontrolle

- im engeren Sinn als Beteiligung an der Gestaltung der Auswahlsituation oder -instrumente oder an der Entscheidung (in entweder direkter oder repräsentativer Form, also etwa mittels Arbeitnehmervertretung)

– im weiteren Sinn als Möglichkeit, Kontrolle über die Situation auszuüben oder über das eigene Verhalten oder die Entscheidung relevanter anderer, oder verstanden als Freiheit von der Machtausübung anderer
Transparenz
– der Auswahlsituation inkl. der handelnden Personen, ihrer Rollen, Intentionen und Kompetenzen sowie der Verhaltenserwartung an die Bewerber – der Bedeutung und des Aufgabenbezugs der diagnostischen Instrumente (dieser Aspekt ist der Augenscheinvalidität eng verwandt) – des Bewerbungsprozesses und der Bewertungsregeln, d. h. der Beurteilungskriterien, Standards, Prinzipien des diagnostischen Schlusses und der Aggregation von Daten sowie der Transformation der Daten in Urteile oder der Urteile in Entscheidungen – des diagnostischen Prozesses in einer Form, die Selbstbeurteilung begünstigt (und in deren Konsequenz Selbstselektion erleichtert wird, wie beispielsweise durch Arbeitsproben oder via sozialem Vergleich im Assessment Center)
Urteilskommunikation und Feedback
– diagnostische Information durch die Verfahren und die Beurteiler – inhaltlich: offen, wahrhaftig, bezogen auf Erfolgswahrscheinlichkeiten und Entwicklungsmöglichkeiten – formal: verständlich (semantisch und pragmatisch), rücksichtsvoll, unterstützend; Selbsteinsicht, Integration in das Selbstbild und informierte Entscheidung der Kandidaten erleichternd

Die Metaanalyse von Hausknecht et al. (2004) konnte eine Reihe von Parametern empirisch bestätigen, die von den diskutierten Modellen als bedeutsame Prädiktoren der Akzeptanz eignungsdiagnostischer Verfahren identifiziert wurden. Dabei werden insbesondere Verfahren geschätzt, die über eine hohe Augenscheinvalidität verfügen. Darunter werden Einschätzungen durch die Bewerber verstanden, inwieweit die Verfahren Anforderungen des späteren Berufs widerspiegeln. Eine ähnlich hohe Vorhersage zeigte sich für den verwandten Aspekt der wahrgenommenen Validität, der sich auf Einschätzungen bezieht, inwieweit Bewerber glauben, dass ein Verfahren in der Lage ist, Personen zu identifizieren, die später beruflich erfolgreich sein werden. Darüber hinaus wirkt sich die wahrgenommene Gleichbehandlung aller Kandidaten ebenso positiv auf die Akzeptanz von eignungsdiagnostischen Verfahren aus wie der persönliche Umgang mit dem Kandidaten (z. B. persönlich, freundlich). Der positive Effekt von Feedback konnte in weiteren Studien bestätigt werden, wobei auf die Notwendigkeit hinwiesen wurde, dass das Feedback durch die Bewerber auch akzeptiert werden muss, ein Aspekt, der für die Gestaltung des Feedbacks von Bedeutung ist.

Während sich die bisher geschilderten Ergebnisse allgemein auf die Vorhersage der Akzeptanz eignungsdiagnostischer Verfahren beziehen, ist weniger darüber bekannt, welche dieser Faktoren spezifisch für die hohe Akzeptanz des Einstellungsinterviews verantwortlich sind. Steiner und Gilliland (1996) berichten, dass Bewerber an Interviews insbesondere die wahrgenommene Verhaltenskontrolle schätzen sowie den persönlichen Umgang und Kontakt. Darüber hinaus wirkt sich der hohe Verbreitungsgrad von Interviews positiv aus. Weitere Aspekte dürften die Informationen über Tätigkeitsanforderungen (beispielsweise im Rahmen einer realistischen Tätigkeitsinformation), die Beurteilung gegenwärtigen Verhaltens sowie das Feedback über das eigene Verhalten darstellen (Schuler, 2002).

1.6 Validität

Lange Zeit war unklar, ob Interviews überhaupt ihre wichtigste Aufgabe erfüllen: die Prognose beruflichen Erfolgs

Trotz der hohen Popularität des Einstellungsinterviews war lange Zeit unklar, ob Interviews ihren eigentlichen Zweck, die Prognose beruflichen Erfolgs, überhaupt erfüllen. In einer der ersten Studien berichtet Walter Dill Scott (1915, zit. nach Wagner, 1949) über 36 angehende Verkäufer, die von sechs Personalverantwortlichen interviewt wurden. Seine Ergebnisse waren ernüchternd: Für 28 der 36 Bewerber waren sich die Interviewer nicht einig, ob die Person über oder unter dem Durchschnitt der Gruppe lag. In diesem Sinne fragt auch Wagner (1949) in seinem Review über die Validität des Einstellungsinterviews, „why it remains so popular when, if there is any preponderance of evidence, it seems to be against the interview as a valid method of selection and placement" (S. 33). Auch 30 Jahre später befanden Arvey und Campion (1982) in einer Literaturübersicht die prädiktive Validität des Interviews nach wie vor als gering.

Seit dieser Literaturübersicht haben 14 Metaanalysen und 10 Reviews die kriterienbezogene Validität des Interviews kumulativ untersucht. Dabei haben diese Studien das bis dahin pessimistische Bild über die Nützlichkeit des Einstellungsinterviews zur Prognose beruflichen Erfolgs grundlegend verändert. Insbesondere die Verwendung von Metaanalysen sowie die Entwicklung moderner Interviewsysteme haben dazu geführt, dass Interviews heute zu den prognosestärksten Instrumenten der Personalpsychologie gezählt werden.

Fortschritt durch die Metaanalyse

Eine Metaanalyse ist eine Zusammenfassung von Primäruntersuchungen. Kern einer Metaanalyse ist die statistische Mittelung von Effektgrößen, meist in Form eines nach der Stichprobengröße gewichteten Mittels. Darüber hinaus lassen sich Messfehler, wie mangelnde Reliabilität einer Vorgesetzteneinschätzung oder Streuungseinschränkung, korrigieren; die so korrigierten Werte sind daher oft wesentlich höher, als man sie empirisch beobachten würde, teilweise bis zu doppelt so hoch. Die in der Psychologie am häufigsten genutzten Methoden stammen von Hunter und Schmidt (2004).

Eine Übersicht über Metaanalysen zur kriterienbezogenen Validität des Einstellungsinterviews findet sich in Tabelle 3. Die Kennwerte beziehen sich, soweit in verschiedene Kategorien aufgeschlüsselt, auf Vorgesetztenbeurteilungen als Kriterium. Neben den unkorrigierten und korrigierten Validitäten sind darüber hinaus noch bedeutsame Moderatorvariablen aufgeführt.

Tabelle 3:
Zusammenstellung der kriterienbezogenen Validität von Einstellungsinterviews für beruflichen Erfolg (nach Mussel, 2007a, S. 59)

	Typ	*k*	*N*	*r*	r_c	Bedeutsame Moderatoren
Reilly & Chao (1982)[1]	alle	12	987	.19	.23[c]	
Hunter & Hunter (1984)[2]	alle	10	2694	.11	.14[c]	
Wiesner et al. (1988)	alle	150	51459	.26	.47[ac]	strukt., AA, Rel.
Wright et al. (1989)	strukt.	12	833	.29	.39[bc]	
Marchese & Muchinsky (1993)	alle	23	2290	.25	.37[abc]	strukt., Länge, Geschl.
Huffcutt & Arthur (1994)[3]	alle	114	18652	.22	.37[ac]	strukt.
McDaniel et al. (1994)[4]	alle	160	25244	.20	.37[ac]	strukt., Interv., Format
Salgado et al. (1995)	strukt.	25	2121	.28	.32[c]	Design
Schmidt & Rader (1999)	Telefon	33	2539	.19	.40[ac]	
Huffcutt & Woehr (1999)[5]	alle	120	18158			strukt., Train., Stan., Not.
Latham & Sue-Chan (1999)	SI	20	1544	.29	.39[ac]	
Huffcutt et al. (2004)[6]	SI, BDI	54	5536	.28	.46[ac]	Komplexität, Design
Taylor & Small (2002)[6]	SI, BDI	49	4154	.28	.50[ac]	Format, Bewertungsskalen

Anmerkungen: Typ: Art der untersuchten Interviews; *k*: Anzahl der Studien; *N*: Anzahl der Personen; *r*: unkorrigierte kriterienbezogene Validität; r_c: korrigierte kriterienbezogene Validität; SI: Situational Interview; BDI: Behavior Description Interview; [a]: korrigiert für Streuungseinschränkung; [b]: korrigiert für Unreliabilität im Prädiktor; [c]: korrigiert für Unreliabilität im Kriterium; strukt.: Strukturiertheit; AA: Anforderungsanalyse; Rel.: Reliabilität des Interviews; Länge: Länge des Interviews; Interv.: Anzahl der Interviewer; Format: Interviewformat (SI vs. BDI); Design:

konkurrent vs. prädiktiv; Train.: Training der Interviewer; Stan.: Standardisierung (immer der gleiche Interviewer); Not.: Notizen; Komplexität: Komplexität der zu besetzenden Position; [1]: korrigierte Validität zitiert nach Hunter und Hunter (1984); [2]: unkorrigierte Validität zurückberechnet mit .60 für die Reliabilität des Kriteriums; [3]: für die getrennte Berechnung für strukturierte und unstrukturierte Interviewverfahren (siehe Text) wurden die Stufen 1 und 2 bzw. 3 und 4 zusammengefasst; [4]: nur für Vorgesetztenbeurteilungen als Kriterium; [5]: in der metaanalytischen Regressionsanalyse von Huffcutt und Woehr (1999) wurden keine mittleren Validitäten berichtet; [6]: stichprobengewichtetes Mittel über SI und BDI.

Zusammenfassende Betrachtung der bisherigen Metaanalysen

Die wichtigste Erkenntnis dieser Studien ist, dass Einstellungsinterviews eine hohe kriterienbezogene Validität aufweisen. Um einen möglichst umfassenden Schätzer für die kriterienbezogene Validität des Einstellungsinterviews zu erhalten, wurden die Koeffizienten aus Tabelle 3 im Sinne einer Metaanalyse zweiter Ordnung aggregiert. Ausgeschlossen wurden eine Studie zu Telefoninterviews sowie die Studie von Huffcutt und Woehr (1999), die nur Moderatoreffekte, aber keine mittleren Zusammenhänge berichtet. Die 13 Metaanalysen beruhen in der Summe auf 629 Studien und 115 514 Kandidaten. (Das Ausmaß an Überschneidung der zugrunde liegenden Primärstudien ist dabei nicht berücksichtigt.) Die mittlere unkorrigierte Validität über elf Metaanalysen lag danach bei .24, der stichprobengewichtete korrigierte Koeffizient bei .42. Damit hat das Einstellungsinterview seinen Ruf als unvalides Instrument verloren.

Validitätskoeffizient

Es gibt zum Teil unterschiedliche Auffassungen darüber, was ein hoher Validitätskoeffizient sei. Dabei wird die Validität mitunter auch mit der Reliabilität verwechselt, die regelmäßig Werte bis .80 oder .90 erreicht. Bei der Validität sind Werte zwischen .20 und .40 typisch, wobei zu beachten ist, dass .40 nicht einen doppelt, sondern einen viermal so engen Zusammenhang beschreibt wie .20 (verstanden als aufgeklärte Varianz, also als Quadrat des Korrelationskoeffizienten). Ein Einzelverfahren, das die obere Grenze erreicht, also 16 % der Varianz aufklärt, kann als gut angesehen werden, wohingegen .20 (oder 4 % aufgeklärte Varianz) als untere Grenze der Brauchbarkeit angesehen werden kann. Wem 16 % aufgeklärte Varianz als ein noch immer geringer Wert erscheint, der sei auf die Wirkungsgrade in anderen Bereichen verwiesen. Viele Maschinen haben einen Wirkungsgrad zwischen 10 und 30 %, beispielsweise erzeugt eine Glühbirne weit mehr Wärme als Licht. Der Wirkungsgrad vieler medizinischer Therapien liegt noch darunter, und auch die Verwendung unserer Beine zum Laufen hat nur einen Wirkungsgrad von 25 %.

Moderatoren der Validität

In Tabelle 3 sind darüber hinaus noch bedeutsame Moderatoren genannt, die einen Einfluss auf die Validität haben. Als wichtigster Moderator hat sich dabei das Ausmaß an Strukturiertheit erwiesen, wobei strukturierte Interviews über höhere Validität verfügen als unstrukturierte. Beispielsweise berechneten Wiesner und Cronshaw (1988) eine Validität von .31 für unstrukturierte Interviews und von .62 für strukturierte Interviews. Fasst man die Ergebnisse in Tabelle 3 erneut zusammen, diesmal getrennt für strukturierte und unstrukturierte Interviews, so finden sich fünf Metaanalysen zu unstrukturierten Interviews, für die eine mittlere Validität von .17 (korrigiert .28) berechnet wurde; die Werte für strukturierte Interviews wurden über acht Metaanalysen berechnet und belaufen sich auf .31 (.51, korrigiert). Diese Ergebnisse demonstrieren eindrucksvoll die Nützlichkeit des Einstellungsinterviews als Methode der Personalauswahl, insbesondere in Form strukturierter Interviews.

Auf einen interessanten Effekt weisen Huffcutt und Arthur (1994) hin. Sie kategorisierten die Strukturiertheit von Interviews auf vier Stufen, von unstrukturiert (Stufe 1) bis hochstrukturiert (Stufe 4; siehe auch Tabelle 5 in Abschnitt 2.3 für weitere Informationen zu den vier Stufen). Dabei fanden sie für zunehmende Strukturiertheit Validitäten von .20, .35, .56 und .57. Sie interpretierten diesen Befund als weiteren Beleg für die Validität des Einstellungsinterviews und die moderierende Funktion von Strukturiertheit, stellten für Letztere jedoch einen Deckeneffekt fest. Demnach steigt die Validität bis zu einem gewissen Maß an Strukturiertheit an, wobei hochstrukturierte Interviews auf Stufe 4 keine Verbesserung mehr zeigen im Vergleich zu strukturierten Interviews auf Stufe 3. Dies legt den Einsatz der kostengünstigeren und bei Bewerbern eher akzeptierten halbstrukturierten Interviewsysteme nahe.

Wovon hängt die Validität der Einstellungsinterviews ab?

Der wichtigste Moderator der Validität ist das Ausmaß an Strukturiertheit; strukturierte Interviews sind valider als unstrukturierte. Interessanterweise wurde jedoch auch über einen Deckeneffekt berichtet: Ab einem gewissen Grad an Strukturiertheit kann keine Verbesserung mehr festgestellt werden.

Huffcutt und Woehr (1999) untersuchten Moderatorvariablen, die sich auf die Person des Interviewers beziehen. Sie fanden einen positiven Einfluss auf die Validität in Studien, in denen (1) Interviewer zuvor ein Training erhalten haben, (2) alle Interviews vom selben Interviewer durchgeführt wurden und (3) Interviewer sich während des Gesprächs Notizen machten. Hingegen zeigte sich kein Vorteil für Studien, in denen das Gespräch durch mehrere Interviewer geführt wurde. Auch Wiesner und Cronshaw (1988) konnten zunächst keinen Einfluss für die Anzahl der Interviewer nachweisen. Jedoch ergaben getrennte Analysen für strukturierte und unstrukturierte Interviews, dass unstrukturierte Interviews von mehreren Interviewern profitieren, während sich strukturierte Interviews hiervon weiterhin unbeeinflusst zeigten. Darüber hinaus sind überraschenderweise kürzere Interviews tendenziell valider sind als längere. Keinen nennenswerten Einfluss konnten die Autoren hingegen für die Anzahl der Interviewer, das Geschlecht der Kandidaten, die Durchführung im Forschungs- vs. Auswahlkontext sowie das Anspruchsniveau des zu besetzenden Jobs feststellen.

Wiesner und Cronshaw (1988) fanden darüber hinaus einen Vorteil für Interviews, die auf Basis einer formellen Anforderungsanalyse durchgeführt wurden, im Vergleich zu Studien ohne Anforderungsanalyse. Auch wurde über eine positive Korrelation zwischen der Reliabilität und der Validität der Einzelstudien berichtet, die erwartungsgemäß darauf hindeutet, dass mit erhöhter Reliabilität auch die Validität des Interviews steigt.

Die Prognosekraft des Interviews steigt, wenn diese anforderungsanalytisch entwickelt wurden. Die Beteiligung mehrerer Interviewer wirkt sich – wenn überhaupt – nur für unstrukturierte Interviews positiv aus; in einer Untersuchung hat es sich sogar als besser erwiesen, wenn das Interview alleine geführt wurde. Je höher die Reliabilität des Interviews, desto höher auch seine prädiktive Validität.

Auch Telefoninterviews haben sich als valide Auswahlverfahren erwiesen

Schmidt und Rader (1999) werteten 33 Studien mit insgesamt 2 539 Probanden aus, die sich auf Telefoninterviews bezogen. Die Autoren fanden für diese spezielle Form des Interviews eine vergleichbare prädiktive Validität von .40 und interpretierten diesen Befund als Indiz der Generalisierbarkeit der prädiktiven Validität von Interviews auf die Durchführung am Telefon. Die prognostische Validität des Interviews für Studienerfolg als Kriterium wurde von Hell, Trapmann, Weigand und Schuler (2007) untersucht. Die Autoren werteten 28 Publikationen mit insgesamt 44 unabhängigen Datensätzen aus, die vornehmlich in den USA sowie in Israel und Deutschland erhoben wurden. Über alle Interviewformen hinweg zeigten sich Zusammenhänge von .16, wobei auch für dieses Kriterium höhere Validität für strukturierte (.21) als für unstrukturierte Interviews (.11) berichtet werden. Wenngleich die pessimistischen Einschätzungen von Trost (1986), der die Prognosekraft von Interviews als sehr gering einstufte, damit etwas relativiert werden, so lässt sich doch festhalten, dass die im Interview erfassten Verhaltensweisen und Merkmale in höherem Zusammenhang mit beruflichem Erfolg als mit Studienerfolg stehen.

Abschließend werden noch Studien zur inkrementellen Validität berichtet. Derartige Untersuchungen sind aus praktischer Sicht von Bedeutung, um den Nutzen zu bestimmen, den Interviews über andere (oftmals relativ kostengünstige) Testverfahren hinaus haben. Es ist also die Frage angesprochen, ob es sich beispielsweise lohnt, zusätzlich zu einem Intelligenztest auch noch ein Interview durchzuführen.

Die *inkrementelle Validität* gibt an, welche Prognosekraft das Interview über andere Verfahren hinaus aufweist.

Welche Prognosekraft hat das Interview über andere Auswahlverfahren hinaus?

Einer der ersten Befunde zur inkrementellen Validität von Interviews wurde von Waldron (1974) berichtet. Er untersuchte den zusätzlichen Nutzen eines unstrukturierten Interviews über einen biografischen Fragebogen und einen Fähigkeitstest für die Auswahl von Seeleuten, wobei sich je nach Kriterium unterschiedliche Befunde ergaben. Während sich für Ausbildungserfolg und Fluktuation kein zusätzlicher Nutzen zeigte, fanden sich inkrementelle Validitäten für Vorgesetztenbeurteilungen als Kriterium. Ähnlich fielen die Ergebnisse von Roth und Campion (1992) aus, die inkrementelle Validität des Interviews über kognitive Fähigkeiten für eine Vorgesetztenbeurteilung fanden, nicht aber für Ausbildungserfolg und Beförderungen. Inkrementelle Validität strukturierter Interviews über allgemeine Intelligenz hinaus konnte auch in einer Reihe weiterer Studien gefunden werden. Die einzige Ausnahme stellt die Studie von Campion, Pursell und Brown (1988) dar, die keine inkrementelle Validität für die Vorhersage beruflichen Erfolgs berichten. Dieses Ergebnis kann über die im Interview erfassten Konstrukte erklärt werden: Für das aus vielen technischen Fragen bestehende Gespräch fand sich eine multiple Korrelation von .59 mit den vier Intelligenztests. Damit lässt sich inkrementelle Validität nicht erwarten, da das Interview zu großen Teilen die gleichen Merkmale erfasst wie der Intelligenztest.

Neben diesen Primärstudien wurde die inkrementelle Validität des Interviews auch auf Grundlage metaanalytischer Daten berechnet. Dabei wurden bivariate Zusammenhänge zwischen den Prädiktoren sowie deren prädiktive Validität verrechnet, um hieraus den multiplen Zusammenhang zu beruflichem Erfolg zu berechnen. Für Vorgesetztenbeurteilungen als Kriterium konnte die korrigierte prädiktive Validität von Intelligenztests von .51 durch strukturierte Interviews auf .63, durch unstrukturierte noch auf .55 erhöht werden. Hingegen stieg die prädiktive Validität von Intelligenztests von .56 auf Ausbildungserfolg als Kriterium nur um .03, wenn Interviews (strukturierte wie unstrukturierte) hinzugenommen werden. Cortina, Goldstein, Payne, Davison und Gilliland (2000) wählten eine ähnliche Vorgehensweise, untersuchten jedoch, welchen zusätzlichen Nutzen Interviews stiften, wenn Intelligenztests gemeinsam mit Tests zur Erfassung von Gewissenhaftigkeit eingesetzt werden. Die korrigierte multiple Validität von diesen beiden Testverfahren gaben die Autoren dabei mit .51 an. Hier zeigte sich für den zusätzlichen Einsatz eines unstrukturierten Interviews nur eine geringe Verbesserung auf .52 und für mittelstrukturierte auf .54, wohingegen mit strukturierten Interviews eine Gesamtprognose von .65 geleistet werden kann. Dies belegt eindrucksvoll den zusätzlichen Nutzen strukturierter Interviews über „the single best predictor of many aspects of job and training performance for a variety of jobs“ (Cortina et al., 2000, S. 327).

Strukturierte Interviews haben inkrementelle Validität über Intelligenztests.

Man kann zu Recht anmerken, dass die Frage der inkrementellen Validität von Interviews über andere Verfahren hinaus eine eher theoretische ist. Wie wir oben gesehen haben, werden Interviews in (nahezu) allen Fällen durchgeführt, sodass sich die Entscheidung für oder wider den Einsatz eines Interviews eigentlich gar nicht stellt. Relevanter erscheint somit eine umgekehrte Untersuchung der inkrementellen Validität typischer Auswahlverfahren, wie Intelligenztests, über das Interview hinaus (vgl. Abb. 1).

1.7 Nutzen

Von Wayne Cascio stammt der berühmte Satz „Like it or not, the language of business is dollars, not correlation coefficients" (1982, S. V). Damit leitete er eine Vielzahl von Bemühungen ein, den Nutzen eines Auswahlverfahrens in monetären Einheiten auszudrücken. Ein Beispiel für eine Nutzenberechnung wollen wir gleich schildern; vorher müssen wir uns jedoch noch einigen Begriffen zuwenden, die für eine solche Berechnung gebraucht werden.

Neben dem Validitätskoeffizienten müssen auch Basisrate und Selektionsquote bekannt sein

Der Validitätskoeffizient ist die zentrale Größe, doch ist er nur eine von verschiedenen Größen, die wir für eine Nutzenberechnung kennen müssen. Um zunächst zu bestimmen, wie viele der mit einem Auswahlverfahren einer bestimmten Validität eingestellten Personen auch tatsächlich erfolgreich sind, müssen Basisrate und Selektionsquote bekannt sein. Unter der *Basisrate* versteht man die Anzahl der in einer Bewerberstichprobe potenziell erfolgreichen Personen. Liegt diese beispielsweise bei 0,5, dann wäre jeder zweite Bewerber (also 50 %) potenziell erfolgreich, wenn er denn den Job bekommen würde. Das bedeutet auch, dass, wenn bei einer Basisrate von 0,5 die Bewerberauswahl nach dem Zufallsprinzip vonstattengehen würde (das entspräche einer Validität von 0), noch immer die Hälfte der eingestellten Personen erfolgreich wäre. Der zweite Parameter, die *Selektionsquote*, gibt an, wie viel Prozent der Bewerber eingestellt werden. Wenn sich beispielsweise auf eine Ausschreibung 200 Personen bewerben und davon 100 eingestellt werden, sprechen wir von einer Selektionsquote von 0,5 oder 50 %. An diesem Beispiel, also für eine Basisrate und Selektionsquote von jeweils 0,5, lässt sich der Nutzen der Validität veranschaulichen. Während bei einer Validität von 0 genau 50 % der eingestellten Bewerber erfolgreich sind, so steigt dieser Wert bei einer Validität von .10 auf 53 %, bei einer Validität von .30 auf 60 %, bei .50 auf 67 % und schließlich bei einer Validität von .70 auf 75 %. Eine Validität von .70 ist wohl nur in Ausnahmefällen durch die optimale Kombination von verschiedenen Auswahlverfahren zu erreichen (wobei zusätzlich eine sehr verlässliche Messung der Erfolgskriterien vorausgesetzt werden müsste). Um die Auswahl weiter zu verbessern, also den Anteil der Geeigneten unter den eingestellten Bewerbern zu erhöhen, müssen wir also Basis- und Selektionsquote verbessern. Gelingt es uns beispielsweise, durch aufwendiges Personalmarketing die Anzahl der Bewerber von 200 auf 500 zu erhöhen, dann verringert sich dadurch die Selektionsquote auf 0,2 (100 von 500 Bewerbern werden eingestellt, also jeder fünfte). Wie wirkt sich dies auf die Vorhersagegenauigkeit aus? Bei einer Validität von .10, .30, .50 und .70 steigt diese auf 56 %, 67 %, 78 %, und 90 %. Diese Werte lassen sich weiter steigern, wenn wir nun zusätzlich die Basisrate erhöhen, beispielsweise indem unser Personalmarketing nicht nur aufwendig, sondern auch noch besonders passgenau ist. Das hat zur Folge, dass sich der Anteil der potenziell geeigneten Personen in der Bewerberstichprobe erhöht. Eine Basisrate von 0,8 beispielsweise würde bedeuten, dass 80 % der Bewerber (oder 400 von 500) potenziell erfolgreich sind. Unter diesen Umständen liegt die Treffergenauigkeit für eine Validität von .10, .30, .50 und .70 bei 84 %, 90 %, 96 %, und 99 %.

Dieses Beispiel zeigt auch, dass zwar die Höhe der Validität, aber nicht der Prozentsatz richtiger Entscheidungen eine Qualitätsaussage für sich ist (Schuler, 2002). Ein Headhunter, der sich mit einer Quote von 90 % richtiger Entscheidungen brüstet, die er mithilfe eines geheimen Auswahlverfahrens erreicht hat, könnte mit einer Basisrate von 0,9 arbeiten – dann läge seine Erfolgsrate selbst bei einer Zufallsauswahl bei 90 %, z. B. weil er erfolgreiche Programmierer aus Firma A abwirbt und an Firma B vermittelt. In diesem Fall könnte die Validität seiner Auswahlentscheidung bei 0 liegen. Seinen Erfolg verdankt er nicht der Auswahl, sondern der Abwerbung.

Der Nutzen valider Auswahlverfahren in Dollar und Euro – ein Beispiel

Um nun von der Trefferquote zum monetären Nutzen zu gelangen, brauchen wir neben Validität, Selektionsquote und Basisrate noch einen weiteren Parameter, und zwar die *Streuung der Kriteriumswerte*. Dieser Parameter beschreibt, wie sich die Leistung der eingestellten Personen verteilt. Würden alle Personen exakt die gleiche Leistung erbringen, dann wäre die Streuung null (und damit auch die Validität des Auswahlverfahrens). Die Streuung der Kriteriumswerte wird unmittelbar in Form einer monetären Einheit (Dollar, Euro) angegeben. Beispielsweise würde eine Streuung von €25 000 bedeuten, dass eine Person, die bezüglich ihrer Leistung eine Standardabweichung über dem Mittel liegt (das bedeutet laut Gaußscher Normalverteilung, dass nur 16 % aller Beschäftigten mehr leisten, wohingegen 84 % weniger leisten), dass diese Person im Jahr €25 000 mehr erwirtschaftet als eine Person, die durchschnittliche Leistung erbringt (d.h. 50 % aller Beschäftigten leisten mehr, 50 % weniger). Diese Streuung zu berechnen ist aufwendig, sodass in der Regel Schätzungen herangezogen werden, die auf der Gesamtleistung einer Person oder auf deren Jahresverdienst basieren. Nach den Empfehlungen von Hunter und Schmidt (1982) haben sich in verschiedenen Studien sehr vergleichbare Werte gezeigt, wonach die Streuung der Kriteriumswerte mit 20 % der jährlichen Produktivität bzw. mit 50 % des jährlichen Einkommens angenommen werden können. Aufgrund der höheren Verfügbarkeit wird zumeist letzterer Schätzer verwendet.

Berechnung des zusätzlichen Nutzens durch den Einsatz eines Auswahlverfahrens (nach Barthel & Schuler, 1989, S. 77)

$$\Delta U = \sum_{k=1}^{F}\left[\sum_{t=1}^{k}(N_{at} - N_{st})\right][1/(1+i)^k]r_{xy}SD_y\Phi/\rho - \sum_{k=1}^{F}[C_k 1/(1+i)^{k-1}]$$

ΔU = der Betrag, um den der Nutzen durch den Einsatz eines verbesserten Auswahlverfahrens wächst

r_{xy} = Validität des eingesetzten Verfahrens. Eingesetzt wird der Zuwachs an Validität gegenüber dem bislang verwendeten Verfahren (inkrementelle Validität).

SD_y = Standardabweichung des Leistungskriteriums

Φ = Ordinate der Standardnormalverteilung am kritischen Testwert

ρ = Auswahlquote

F = Anzahl der Zeitabschnitte, in denen das Verfahren eingesetzt wird

t = Zeitabschnitt, in dem Zu- bzw. Abgang stattfindet

N_{at} = Anzahl der Zugänge im Zeitabschnitt t

N_{st} = Anzahl der Abgänge im Zeitabschnitt t

i = Kalkulationszinsfuß

k = Anzahl der Zeitabschnitte, in denen ein Einsatz des Verfahrens aus einem Zeitabschnitt wirkt (durchschnittliche Verweildauer)

C_k = Kosten für den Einsatz des Verfahrens pro Zeitabschnitt

Eine exakte Berechnung des Nutzens einer verbesserten Personalauswahl lässt sich dann durchführen, wenn neben der Validität, der Selektionsquote, der Basisrate sowie der Streuung der Kriteriumswerte auch noch die Anzahl der ausgewählten Mitarbeiter sowie deren Verweildauer im Unternehmen bekannt sind. Die Formel für die Nutzenberechnung findet sich in obenstehendem Kasten. Den Nutzen eines Auswahlverfahrens im Forschungs- und Entwicklungsbereich haben Schuler, Funke, Moser und Donat (1995) durch Einsetzen der entsprechenden Werte in diese Formel berechnet. Dabei handelte es sich um Arbeitsplätze mit hoher Wertschöpfung, deren Streuung in den Kriteriumswerten bei €51 000 lag. Für einen zehnjährigen Einsatz und eine jährliche Einstellung von 25 Personen wurde ein Nutzenzuwachs von 3,8 Millionen Euro errechnet, für den bereits ein Steuerabzug von 66,7 % berücksichtigt wurde. Als variable Kosten für die Durchführung der Assessments (Personalkosten der Interviewer, Fahrt- und Verpflegungskosten) wurden dabei €170 pro Bewerber veranschlagt, zusätzlich zu den einmaligen

Kosten für die Entwicklung der Verfahren und die Schulung der Assessoren. Dabei wurde ein Validitätszuwachs von .20 zugrunde gelegt, der in etwa dem Zuwachs entspricht, wenn man statt eines unstrukturierten ein strukturiertes Einstellungsinterview einsetzt.

Der Einsatz strukturierter Einstellungsinterviews ist eine hochrentable betriebliche Investition

Ein Beispiel für eine fiktive Nutzenberechnung für ein mittelständiges Unternehmen schildern Stephan und Westhoff (2002) für die Auswahl von Führungskräften. Sie gehen dabei von einem Unternehmen mit 1 400 Mitarbeitern mit nur einer extern zu besetzenden Stelle aus. Für eine Streuung in den Kriteriumswerten von € 24 600 und einen erwarteten Validitätszuwachs von .28 von strukturierten im Vergleich zu unstrukturierten Interviews errechneten die Autoren einen jährlichen Nutzen von € 150 000. Angesichts des noch geringen Verbreitungsgrads strukturierter Interviews im Mittelstand lässt sich hieraus entsprechend hoher Handlungsbedarf ableiten.

Aufwendungen für verbesserte Personalauswahl gehört zu den renditestärksten Investitionen. Insbesondere der Einsatz von strukturierten im Vergleich zu unstrukturierten Interviews geht dabei mit relativ geringen Kosten sowie großer Verbesserung der Validität einher.

2 Modelle

Das zweite Kapitel beschreibt Theorien und Modelle, die die im Interview ablaufenden Prozesse und Ergebnisse sowie deren Einflussgrößen systematisieren. Zunächst wird das Modell zur sozialen Urteilsbildung dargestellt, das die im Interview ablaufenden Prozesse erklärt, wobei insbesondere der Einfluss menschlicher Informationsverarbeitung auf die Entscheidung deutlich wird. Das als zweites beschriebene Modell zur Konstruktvalidität fokussiert hingegen auf die Ergebnisse des Interviews – die Beurteilung der Interviewer – und erlaubt durch die Betrachtung der Konstrukte, die im Interview erfasst werden, eine methodische Einordnung des Interviews. Die sich anschließenden Modelle zur Strukturiertheit systematisieren, welche Parameter zur Verfügung stehen, um Interviews zu strukturieren. Schließlich werden in den beiden abschließenden Abschnitten zu Bewerberkognition sowie zu Selbstdarstellung und Verfälschung zwei Ansätze vorgestellt, die die Person des Bewerbers und dessen Verhalten im Interview in den Fokus rücken.

2.1 Soziale Urteilsbildung

Das Modell zur sozialen Urteilsbildung nach Schuler (2002) beschreibt und erklärt die Bestimmungsgrößen der Interaktion zwischen Interviewer und Bewerber. Diese werden als Heuristik in einen Funktionszusammenhang gebracht und dienen damit auch als Schema, um Forschungsbefunde zum Interview zu bündeln. Die Elemente und deren Zusammenwirken sind in Abbildung 2 schematisch dargestellt.

Die Position mit ihren spezifischen Anforderungen als Einflussgröße auf den Interviewprozess

Das Modell beschreibt die Interaktion im Einstellungsinterview zunächst vor dem Hintergrund der Situation. Ein zentraler Parameter dieser Situation ist dabei die zu besetzende *Position* bzw. der Arbeitsplatz oder die infrage stehende Tätigkeit. Sie definiert die tätigkeitsspezifischen Anforderungen sowie das Befriedigungspotenzial, das sie für die Interessen, Bedürfnisse und Werthaltungen der Beschäftigten bietet. Darüber hinaus ist auch die Bedeutsamkeit der Position für die Organisation zu nennen. Diese Parameter beeinflussen beispielsweise das Verhalten im Interview, da Interviewer ihre Fragen an den zukünftigen Anforderungen ausrichten, Bewerber sich entsprechend den vermuteten Anforderungen möglichst vorteilhaft darstellen, oder weil Organisationen für die Besetzung besonders bedeutsamer Positionen bereit sind, aufwendigere Methoden einzusetzen.

Der zweite Faktor betrifft Merkmale der *Organisation*, die sich auf das Interview auswirken können. Zu nennen ist hier u. a. die Attraktivität der Organisation, die Einfluss auf die Anzahl der Bewerbungen und damit auf die Selektionsquote hat. Ein begehrter Arbeitgeber muss somit den Fehler erster Art – ungeeignete Kandidaten einzustellen – gegenüber dem Fehler zwei-

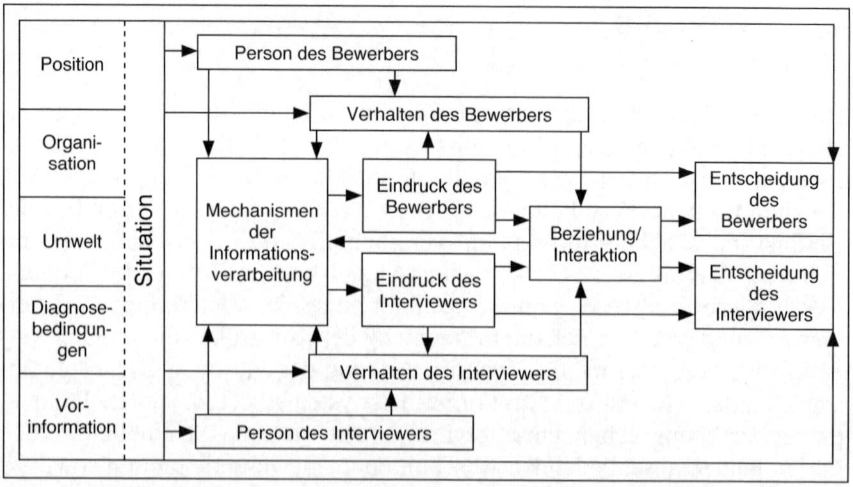

Abbildung 2:
Das Modell sozialer Urteilsbildung nach Schuler (2002, S. 42)

ter Art – geeignete Bewerber abzulehnen – stärker im Auge haben. Weitere Faktoren sind Unternehmenskultur, Organisationsklima und Stil, die ein Unternehmen bereits im Rahmen des Interviews zum Ausdruck bringen möchte, um ein entsprechendes Image zu transportieren und später einzustellende Personen bereits zu diesem Zeitpunkt zu beeinflussen. Auch Aspekte der Unternehmenspolitik, wie der Anteil der Stellen, die mit internen Kandidaten besetzt werden sollen, sowie der Umgang mit „Mikis" und „Kukis" (den Mitarbeiter- und Kundenkindern) können den Interviewprozess beeinflussen und beispielsweise zu Sonderregelungen führen. Auch Aspekte wie die Größe, die Branche und die wirtschaftliche Situation zählen zu den Merkmalen der Organisation, die das Interview beeinflussen können. Der Aspekt der *Umwelt* ist hingegen weit gefasst und betrifft beispielsweise die ökonomische Situation einer Branche sowie die gesamtwirtschaftliche Situation, die sich etwa auf Wachstumserwartungen auswirken können. Auch die politische und rechtliche Situation sind zu nennen, die sich darauf auswirken, welche Dinge im Interview angesprochen werden dürfen und welche nicht. Der offensichtlichste Faktor ist jedoch der Arbeitsmarkt, der Einfluss auf Basisrate und Selektionsquote hat. Stehen nur wenige qualifizierte Bewerber zur Verfügung, so hat das Interview statt Fachkenntnissen verstärkt Lernbereitschaft und Entwicklungsmöglichkeiten zu ermitteln.

Das Interview vor dem Hintergrund situationaler Parameter

Die *Diagnosebedingungen* beschreiben zunächst, welche Rolle das Interview in einem Auswahlprozess spielt. Je weniger zusätzliche Elemente (wie Testverfahren, Assessment Center) zum Einsatz kommen, desto höher die Verantwortung und damit auch die Qualitätsanforderung, die auf dem Interview lastet. Auch Kosten- und Zeitvorgaben wirken sich auf die Diagnosebedingungen aus, beispielsweise auf die Entwicklung und Durchführung des Interviews. Stehen nur begrenzt Mittel für Reisekosten zur Verfügung, so ist über ein Telefoninterview zur Vorauswahl nachzudenken. Insbesondere zählt zu den Diagnosebedingungen jedoch die Art des durchzuführenden Interviews. Dabei beeinflusst insbesondere das Ausmaß an Strukturiertheit, wie die Interaktion abläuft, welche Merkmale im Interview erfasst werden und – wie wir schon gesehen haben – wie valide das Interview ist. Schließlich können *Vorinformationen*, beispielsweise aus dem Lebenslauf des Kandidaten oder aus bereits absolvierten Intelligenz- oder Persönlichkeitstests, den Interviewprozess beeinflussen: Interviewer neigen dazu, ihre bisherigen Eindrücke zu bestätigen anstatt sie infrage zu stellen.

Einfluss der Diagnosebedingungen und Vorinformation

Das Einstellungsinterview findet vor dem Hintergrund der Situation statt. Wichtige Einflussgrößen sind u. a. die konkreten Anforderungen der Tätigkeit, die Attraktivität der Organisation oder der Arbeitsmarkt. Auch die Diagnosebedingungen, wie z. B. das Ausmaß an Strukturiertheit, sind Teil der Situation und beeinflussen das Interview bzw. das Verhalten der Beteiligten. Schließlich beeinflussen Vorinformationen über den Kandidaten die Einschätzung im Interview.

Im Modell der sozialen Urteilsbildung wird zwischen der Person des Bewerbers und dessen Verhalten unterschieden. Während sich letzteres auf die Aktions- und Verhaltensweisen während des Interviews bezieht, sind mit der *Person des Bewerbers* dessen Fähigkeiten, Fertigkeiten und Kenntnisse, generell erfolgsrelevante Eigenschaften und Entwicklungspotenziale, Interessen, Bedürfnisse sowie Werthaltungen gefasst. Der Einfluss dieser Merkmale auf das Abschneiden im Interview beschäftigt uns noch ausführlich in Abschnitt 2.2. Auch demografische Merkmale wie Geschlecht, Alter, sozioökonomischer Status und ethnische Zugehörigkeit sind Aspekte, die zur Person des Bewerbers gehören, wenngleich diese Merkmale insgesamt einen eher geringen Einfluss auf das Interview haben. Beispielsweise wurde bezüglich des Alters von Morgeson, Reider, Campion und Bull (2008) ein Review vorgelegt. Sie berichten insgesamt über geringe Effekte für Alter, insbesondere wenn die Studien nicht im Labor, sondern im realen Auswahlkontext durchgeführt wurden. In mindestens einer Studie fanden sich höhere Interviewratings für ältere Personen. Die Qualifikation und die Passung zwischen Person und Beruf waren jedoch weitaus wichtigere Parameter.

Die Person des Bewerbers

Einen leicht positiven Effekt fand Forsythe (1990) für die äußere Erscheinung der Person, in diesem Fall operationalisiert durch ein dunkelblaues Kleid, das im Vergleich zu einem beigen Kleid im Sinne eines seriösen Auftretens interpretiert werden kann. Auch Attraktivität beeinflusst das Abschneiden im Interview.

Zum *Verhalten des Bewerbers* in der Interviewsituation zählen verbale, paraverbale und nonverbalte Verhaltensweisen. Eine Reihe von Befunden wurde durch Anderson (1992) zusammengestellt. Dabei zeigte sich beispielsweise, dass Sprachverständlichkeit und Ansprechbarkeit einen großen Einfluss auf die Entscheidung des Interviewers hatten. Andere Arbeiten betonen die Wichtigkeit des sprachvermittelten Inhalts, der Sprachflüssigkeit und der angemessenen Setzung von Redepausen.

Darüber hinaus zeigt sich ein starker Einfluss nonverbalen Verhaltens, wie Blickkontakt oder Lächeln. Beispielsweise zeigte sich in einem Experiment, in dem das Gesagte durch vorgegebene Texte konstant gehalten wurde, dass 43 % der Beurteilervarianz auf nonverbales Verhalten zurückgeführt werden kann (Imada und Hakel, 1977). Ein methodisches Problem dieser Studie ist, dass das natürliche Zusammenpassen von verbalem und paraverbalem Ausdruck gestört ist, und die registrierten Effekte teilweise auch hierauf zurückzuführen sind.

Der Einfluss nonverbalen Verhaltens im Interview

Auch paraverbale und vokale Merkmale wie Stimmlage und Frequenzvariabilität gehen in die Bewertung der Interviewer ein, erlauben Aussagen über die Persönlichkeit des Bewerbers und weisen Korrelationen mit der Leistungsbeurteilung durch Vorgesetzte auf.

Wie schon lange vermutet, konnten Stewart, Dustin, Barrick und Darnold (2008) zeigen, dass Personen mit einem festen und langen Händedruck im Interview tatsächlich besser eingeschätzt werden, wobei damit noch nicht gesagt ist, ob es sich um eine Verzerrung des Eindrucks im Interview handelt oder ob der Händedruck diagnostisch relevante Information beinhaltet (wie beispielsweise Rückschlüsse auf die Extraversion), die sich auch in späteren beruflichen Situationen positiv auswirken könnten. Barrick, Swider und Steward (2010) konnten zeigen, dass der erste Eindruck im Interview mit dem Rating in darauf folgenden strukturierten Interviewfragen zusammenhängt. Darüber hinaus konnten Einschätzungen des ersten Eindrucks vorhersagen, ob die Personen in einem Interview angenommen bzw. für ein zweites Gespräch eingeladen wurden. Diese Vorhersage ging über das hinaus, was durch Gemeinsamkeiten oder persönliche Sympathie erklärt werden kann und legt nahe, dass der schnell und automatisch generierte erste Eindruck im Interview bedeutsame Varianzanteile beinhaltet. Die Autoren empfehlen, dem ersten Eindruck in Zukunft mehr Gewicht zu verleihen, insbesondere bei der Besetzung von Positionen, bei denen der erste Eindruck auch anforderungsrelevant ist. Befunde zu Zusammenhängen des ersten Eindrucks mit Maßen beruflichen Erfolgs sowie Zusammenhänge mit der Persönlichkeit des Bewerbers stehen jedoch aus, sodass diese Empfehlung noch vorsichtig formuliert werden muss.

Äußerlichkeiten, wie die Kleidung, aber auch Attraktivität beeinflussen das Ergebnis im Interview. Hingegen finden sich für demografische Merkmale wie das Alter eher geringe Effekte. Einen großen Einfluss haben para- und nonverbales Verhalten wie Blickkontakt und Stimmmodulation. Auch der berühmte feste Händedruck sagt späteres Abschneiden im Interview voraus.

Ein wesentlicher Unterschied zwischen dem Einstellungsinterview und psychologischen Testverfahren ist, dass es bei Tests nicht darauf ankommt, wer diese durchführt und auswertet. Bei Interviews hingegen sind der persönliche Kontakt und die Interaktion essenzieller Bestandteil der Methode, und so stellt sich die Frage, inwieweit das Abschneiden im Interview von der *Person des Interviewers* abhängt. Die nur moderate Objektivität, insbesondere von unstrukturierten Interviews, deutet einen entsprechenden Einfluss an (Conway, Jako & Goodman, 1995). Entscheidend ist aber die Frage, ob Interviewer unterschiedlich valide Urteile und Prognosen abgeben, und, falls dies der Fall sein sollte, welche Eigenschaften und Merkmale einen „guten“ Interviewer auszeichnen.

Welchen Einfluss hat die Person des Interviewers?

Die wenigen Studien die zur Validität der Ratings einzelner Interviewer durchgeführt wurden, fanden erhebliche Unterschiede. Dipboye, Gaugler, Hayes und Parker (2001) ermittelten beispielsweise korrigierte Validitäten zwischen .02 und .41 für die einzelnen Interviewer. Bei Pulakos, Schmitt, Whitney und Smith (1996) lag die Validität von 62 Interviewern, die ein strukturiertes Interview durchgeführt haben, zwischen -.10 und .65. Eine Ursache für diese Schwankungen könnte darin liegen, dass Interviewer Informationen unterschiedlich gewichten. Es besteht jedoch bei solchen Untersuchungen die Schwierigkeit, dass selbst in Studien mit einer großen Anzahl an interviewten Personen die Anzahl der Beobachtungen pro Interviewer eher gering sind. Beispielsweise haben die 62 Interviewer in der Studie von Pulakos et al. (1996) je nur zwischen 11 und 48 Interviews durchgeführt, sodass die Ergebnisse auch durch Stichprobenfehler zustande gekommen sein könnten. Van Iddekinge, Sager, Burnfield und Heffner (2006) werteten die Daten einer vergleichbaren Studie metaanalytisch aus und konnten in der Tat zeigen, dass ca. zwei Drittel der Unterschiede durch Stichprobenfehler erklärt werden kann – und das, obwohl die Validität der einzelnen Interviewer in ihrer Stichprobe zwischen -.79 und .85 variierte.

Diese Ergebnisse legen die Vermutung nahe, dass zumindest ein Teil dieser Unterschiedlichkeit durch Personmerkmale des Interviewers erklärt werden kann. Einer großen Anzahl an Meinungen über Eigenschaften guter Interviewer steht dabei eine nur sehr geringe Zahl belastbarer Studien gegenüber. Häufig genannt und inzwischen in einigen Studien bestätigt ist das Erfordernis, dass Interviewer über ein Mindestmaß an Intelligenz verfügen sollten. Dies konnte beispielsweise für verbales Schlussfolgern und die Fähigkeit zum Zuhören bestätigt werden. Allport (1937) hatte diesbezüglich die Hypothese, dass man immer nur diejenigen Mitmenschen erfassen und verstehen könne, auf deren geistigem Niveau man sich – mindestens –

befinde. Van Iddekinge et al. (2006) konnten die bis dahin oft geäußerte Vermutung bestätigen, dass erfahrene Interviewer tendenziell bessere Entscheidungen treffen. Darüber hinaus sind noch Aspekte der sozialen Kompetenz bedeutsam, wie Sensibilität in sozialen Situationen. Damit kann möglicherweise als Kern dieser Studien festgehalten werden, dass Interviewer über die Fähigkeit verfügen müssen, Informationen zu gewinnen und diese zu verarbeiten.

In Bezug auf das *Verhalten des Interviewers* finden wir zunächst eine Reihe von Gemeinsamkeiten mit dem Verhalten des Bewerbers. So haben verbale, paraverbale und nonverbale Signale Einfluss auf das Gegenüber und beeinflussen dessen Wahrnehmung. Entsprechend werden Blickkontakt, Lächeln und Kopfnicken als Symbole der Wertschätzung verstanden. Ähnlich führen weitere Signale der Aufmerksamkeit und Zuwendung wie Lebhaftigkeit, Stimmmodulation, Verhaltenssymmetrie und direkte Bestätigung zu positiver Stimmung beim Gegenüber. Dass manche Interviewer auf diese Verhaltensweisen bewusst verzichten, könnte daran liegen, dass sie den Kandidaten durch ihr Verhalten keine falsche Hoffnung machen möchten und somit die Verkündung einer möglicherweise negativen Entscheidung für den Interviewer weniger unangenehm wird. Da eine angenehme Gesprächsatmosphäre jedoch die Voraussetzung ist, dass Bewerber sich öffnen, über ihre Erfahrungen berichten und somit die Grundlage für eine fundierte Entscheidung bilden, ist von einem solchen Verhalten eher abzuraten.

Eine Aufgabe des Interviewers ist auch, den Bewerber möglichst realistisch zu informieren

Einen grundlegenden Unterschied im Verhalten zwischen Interviewer und Bewerber gibt es natürlich in der Zielsetzung. Während Bewerber vornehmlich bemüht sind, eine Ablehnung zu vermeiden (insbesondere eine ungerechtfertigte), versuchen Interviewer es umgekehrt zu vermeiden, Personen fälschlicherweise einzustellen, obwohl diese später nicht erfolgreich sind. Gleichzeitig müssen sie sich darum bemühen, geeignete Kandidaten für die eigene Organisation zu gewinnen. Dabei hat Wanous (1989) empfohlen, Kandidaten möglichst realistisch über die angestrebte Tätigkeit zu informieren, um späteren Enttäuschungen vorzubeugen. In der Tat konnte er zeigen, dass die Fluktuationsrate im ersten Jahr um 5 bis 10 % höher ist, wenn Interviewer die künftigen Anforderungen in beschönigter Form beschreiben.

Interviewer unterscheiden sich in ihrer Fähigkeit, Urteile und Prognosen abzugeben. Günstig wirken sich dabei kognitive Fähigkeiten, soziale Kompetenz und Erfahrung aus. Wenn Interviewer realistisch über die zukünftigen Anforderungen informieren, dann reduzieren sie Enttäuschungen und Fluktuation.

Die im Interview ausgetauschten Informationen werden nun keinesfalls durch eine homomorphe Abbildung realer Sachverhalte in einen Eindruck überführt, sondern vermittelt über *Mechanismen der Informationsverarbei-*

tung. Dieser Eindruck ist somit kein perfektes Abbild des Gegenübers, sondern unterliegt Prinzipien, die abhängig von der beobachtenden Person sind. Dabei ist zunächst zu bedenken, dass das beobachtete Verhalten nur einen Ausschnitt dessen darstellt, was über eine Person potenziell an Information gewonnen werden kann. Diese Verhaltensweisen sind abhängig von den Rahmenbedingungen, wie beispielsweise dem mürrischen Pförtner, der Tageszeit oder dem Geruch auf dem Flur, insbesondere aber von dessen Gegenüber (in diesem Sinne beeinflusst z. B. die Auswahl der gestellten Fragen das Verhalten des Kandidaten).

Mechanismen der Informationsverarbeitung bestimmen, was wir über unser Gegenüber wahrnehmen

Darüber hinaus wird der Eindruck durch den Beobachter selbst beeinflusst. Beispielsweise haben sich kognitive (Art und Kapazität der Informationsverarbeitung), motivationale und emotionale Urteilsbedingungen als bedeutsam für die – selektive – Informationsverarbeitung erwiesen. Ein Ansatz aus der kognitiven Psychologie, die Theorie der kognitiven Kategorisierung von Feldman (1981), soll hier exemplarisch herausgegriffen werden. Diese Theorie geht davon aus, dass Verhaltensbeobachtungen nicht etwa zu dimensional kategorisierbaren Eindrücken und diese wiederum zu Globalurteilen aggregiert werden, sondern dass Personen in prototypische Globalkategorien, also als „Typen“ identifiziert werden. Bei der Beurteilung „erinnert“ man sich an Merkmale der betreffenden Person, nicht zwangsläufig weil man entsprechendes Verhalten beobachtet hätte, sondern weil diese Eigenschaften Teile der prototypischen Kategorisierung dieser Person sind. Darüber hinaus sind eine Reihe von Verzerrungen der Informationsverarbeitung bekannt, wie der Mechanismus des ersten Eindrucks (zuerst gehörte Informationen haben höhere Bedeutsamkeit und werden besser erinnert), die Übergewichtung negativer Information, Bestätigungstendenzen bezüglich einmal gewonnener Eindrücke und Hypothesen, Sympathieeffekte (die häufig durch wahrgenommene Ähnlichkeit ausgelöst sind), Überstrahlungseffekte oder Maßstabseffekte (die durch die Wahl eines bestimmten Vergleichsmaßstabes zustande kommen, der als ein Bezugspunkt für die Bewertung dient).

> Der Eindruck im Interview ist kein einfaches Abbild des Gegenübers, sondern wird durch Mechanismen der Informationsverarbeitung vermittelt.

Der *Eindruck des Interviewers* vom Bewerber ist simpel und komplex gleichzeitig: Einerseits tritt sehr schnell eine gefühlsgesättigte Grundkategorisierung auf den Dimensionen positiv – negativ oder sympathisch – unsympathisch ein und beeinflusst alle weiteren Wahrnehmungen und Schlussfolgerungen, andererseits entsteht aber auch eine differenzierte Sichtweise. Dass diese Sichtweise auch noch individuell und dabei von der Person des Interviewers abhängig ist, haben wir schon im vorangegangenen Abschnitt erörtert.

Der Eindruck des Interviewers ist simpel und komplex zugleich

Der Gesamteindruck des Interviewers lässt sich auf verschiedenen Ebenen beschreiben, die von global bis sehr konkret reichen. Auf der konkreten Ebene finden sich einzelne Verhaltens- und Ausdrucksweisen, wie beispielsweise der Blickkontakt, das Auftreten, leistungsbezogene Äußerungen oder gute Einfälle. Auf einer taxonomisch darüber liegenden Ebene finden sich Zuschreibungen von Fähigkeiten, Fertigkeiten, Kenntnissen, Einstellungen und Werthaltungen, die oftmals an die Anforderungsdimensionen des Berufs angelehnt sind und somit eine Aussage darüber erlauben, ob Bewerber und Organisation zusammenpassen. Diese Zuschreibungen können auch in noch globalerer Form als Eigenschaftseinschätzung vorkommen, beispielsweise in Form der Big-Five-Persönlichkeitsmerkmale (Extraversion, emotionale Stabilität, Gewissenhaftigkeit, Verträglichkeit, Offenheit für Erfahrungen). Auf der globalsten Ebene erfolgt nun die bereits erwähnte Grundkategorisierung in positiv – negativ.

Zwischen diesen Ebenen finden nun Beziehungen in beide Richtungen statt. Globalere Einschätzungen von Fertigkeiten oder Eigenschaften erfolgen also keineswegs nur durch Verdichtung von Verhaltensbeobachtungen, sondern das Gesamtbild und Eindrücke auf abstrakterer Ebene wirken sich auch auf die Wahrnehmung und Interpretation von Verhaltensweisen und anderen Einheiten auf niedriger Ebene aus.

Der *Eindruck des Bewerbers* unterliegt prinzipiell den gleichen Prinzipien. Beispielsweise bildet sich ein erster Eindruck beim Bewerber ebenso schnell wie beim Interviewer. Der Eindruck des Bewerbers ist allerdings weniger stark auf die Person des Gegenübers konzentriert, wenngleich die Person des Interviewers maßgeblich zu dessen Eindruck beiträgt. Vielmehr bildet sich der Bewerber ein breiteres Bild, das sich neben der Wahrnehmung des Interviewers auf das Organisationsklima, das voraussichtliche Commitment und die Wahrscheinlichkeit, ein potenzielles Stellenangebot anzunehmen, bezieht. Dieser Eindruck ist vermutlich auch globaler und weniger kritisch als der Eindruck des Interviewers, was sich aus der unterschiedlichen Zielsetzung der Beiden ergibt: Wie bereits diskutiert, ist es vorrangiges Ziel des Interviewers, potenziell nicht geeignete Kandidaten abzulehnen, während es vorrangiges Ziel des Bewerbers ist, einen guten Eindruck zu machen, um nicht fälschlicherweise abgelehnt zu werden.

Auch der Kandidat bildet sich einen Eindruck

Zu den Faktoren, die den Eindruck des Bewerbers beeinflussen, nennt Thornton (1993) die Behandlung durch Personalverantwortliche, das Recruiter-/Interviewer-Verhalten, Merkmale des Auswahlverfahrens (z. B. Arbeitsproben, Drogentests) sowie Prinzipien und Maßnahmen des Personalwesens. In Bezug auf das Interviewer-Verhalten hat dabei den größten Einfluss, ob sich dieser warmherzig und kooperativ zeigt (Schmitt & Coyle, 1976). Den Einfluss von Merkmalen des Auswahlverfahrens auf den Eindruck des Bewerbers haben wir bereits in Abschnitt 1.5 behandelt.

Die *Beziehung* zwischen Interviewer und Bewerber ist maßgeblich durch die Intention der beteiligten Personen geprägt. Wie in Abbildung 3 skizziert, haben sowohl der Interviewer als auch der Kandidat dabei die konfligierende Intention, einerseits eine Auswahlentscheidung zu treffen und andererseits für den anderen möglichst attraktiv zu sein. Die Beziehung zwischen Interviewer und Bewerber ist damit durch den Prozess von gegenseitiger Beurteilung und Selbstdarstellung gekennzeichnet.

Die Ziele von Bewerbern und Auswählenden stehen teilweise in Konflikt zueinander

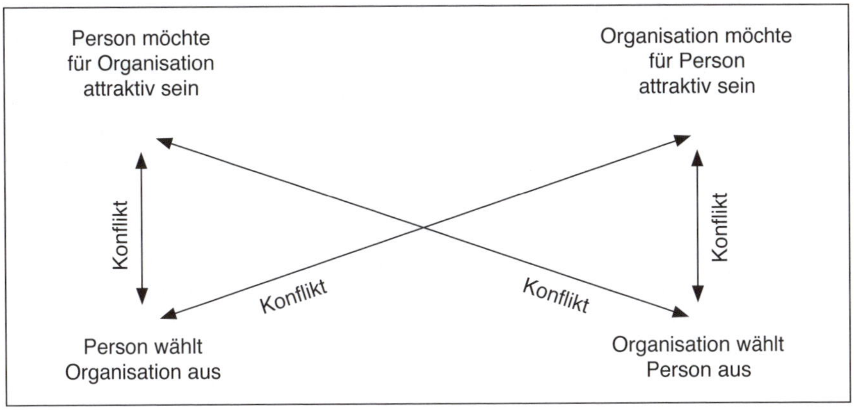

Abbildung 3:
Die Anziehungs-Auswahl-Situation (nach Porter, Lawler & Hackman, 1975)

Entsprechend diesen Einflussgrößen kann das Einstellungsinterview eine besondere Dynamik entfalten. Beispielsweise kann der Interviewer seine Darstellungen bezüglich Anforderungen und Arbeitsbedingungen entsprechend seinem bisherigen Eindruck anpassen, um potenziell geeignete Kandidaten zu gewinnen und potenziell nicht geeigneten eine Absage erträglicher zu machen. In diesem Sinne zeigte sich auch, dass weniger sympathischen Bewerbern schwierigere Fragen gestellt werden als sympathischen und potenziell interessanten Kandidaten. Darüber hinaus ist bekannt, dass Interviewer teilweise eine konfirmatorische Strategie verfolgen, indem gezielt Informationen gesucht werden, um einen frühen Eindruck oder eine vorgefasste Meinung zu bestätigen, während widersprüchliche Information ignoriert wird.

Auch die dynamische Beziehung zwischen Interviewer und Kandidat wirkt sich auf die Entscheidung aus, wenngleich in geringerem Maße als der Eindruck, der sich aus dem Verhalten des Gegenübers ergeben hat.

Am Ende des Interviewprozesses steht die *Entscheidung*. Auf Seiten des Interviewers werden dabei – intuitiv oder nach vorbereitetem Schema – die

Für die Entscheidung werden die gesammelten Informationen verdichtet

erhaltenen Informationen aus dem Gespräch zusammengefasst, nach Anforderungsdimensionen gegliedert, nach Bedeutsamkeit gewichtet, mit Tätigkeitsanforderungen abgeglichen und in ein Urteil über das Zusammenpassen von Bewerber und Unternehmen überführt. Dabei wird insofern eine Entscheidung getroffen, als die Eindrücke in einer Weise zusammengefasst werden, die kommunizierbar ist. Eine abschließende Personalentscheidung ist dies in den meisten Fällen noch nicht – diese ergibt sich erst aus der Zusammenschau aller Daten im Auswahlprozess und aus der vergleichenden Abwägung zwischen den Kandidaten.

Die Art der Informationsintegration und Entscheidungsfindung erfolgt allerdings in sehr individueller und subjektiver Weise, beispielsweise weil Interviewer verschiedene Urteilsdimensionen benutzen, dadurch die gewonnenen Informationen auf unterschiedliche Weise interpretieren und zu abweichenden Urteilen über die gleichen Bewerber kommen. Auch vermag Training die Güte der Entscheidung kaum oder gar nicht zu verbessern. Verfahren, die das Entscheidungsverhalten von Diagnostikern nachbilden, kommen dabei zu dem Ergebnis, dass diese nur einen Teil der Information für ihre Entscheidung nutzen, den sie angeben zu nutzen. Interessanterweise sind sich Interviewer dennoch ihres Urteils sicher. Beispielsweise berichtet Downs (1969), dass 81 % der befragten Interviewer angaben, zu 75 % oder höher eine richtige Entscheidung getroffen zu haben.

Die vielfach gefundene Überlegenheit statistischer gegenüber intuitiver Urteilsbildung gilt auch für das Einstellungsinterview

Der generelle Vorteil von statistischer im Vergleich zu intuitiver Urteilsbildung scheint also auch auf den Bereich der Einstellungsinterviews zu generalisieren. Eine Form der statistischen Urteilsbildung setzt aber ein Mindestmaß an Strukturiertheit voraus, wie Ratings von Anforderungsdimensionen oder einzelner Antworten des Kandidaten. Diese können dann über einen Algorithmus verrechnet und mit den Werten anderer Kandidaten vergleichen werden.

Schließlich ist die *Entscheidung des Kandidaten* zu betrachten. Wie bereits erwähnt, hängt dessen Entscheidung maßgeblich vom Verhalten des Interviewers sowie der Wahrnehmung der Organisation ab. Alderfer und McCord (1970) berichten von den Ergebnissen einer Befragung von Hochschulabsolventen, wonach sich Bewerber für jene Unternehmen entscheiden würden, deren Interviewer sich um sie bemühen, Interesse an ihnen zeigen und ihnen den Berufsweg anderer Hochschulabsolventen aufzeigen. Ähnlich fallen auch die Ergebnisse von Schmitt und Coyle (1976) aus, wonach Einstellungsangebote häufiger angenommen wurden, wenn Interviewer warmherzig und kooperativ wirkten und über Aufgaben und Entwicklungsmöglichkeiten im Unternehmen informierten. Andere Studien betonen jedoch, dass Merkmale der Tätigkeit den wichtigsten Einfluss auf die Entscheidung des Kandidaten haben.

2.2 Konstruktvalidität

Während der Abschnitt zu sozialer Urteilsbildung sich mit den im Interview ablaufenden Prozessen und Interaktionen beschäftigte, betrachten wir im Folgenden das Ergebnis dieser Interaktion, also die Beurteilung durch den Interviewer. Konstruktvalidität beschäftigt sich dabei mit der Frage, was diese Beurteilungen messen.

Die meiste Aufmerksamkeit wurde bisher der Untersuchung gewidmet, in welchem Ausmaß Interviews allgemeine Intelligenz erfassten, sprich ob intelligente Bewerber im Interview auch besser bewertet werden. Die erste Metaanalyse zu Zusammenhängen zwischen Interviews und Intelligenz wurde von Huffcutt, Roth und McDaniel (1996) vorgelegt. Sie berichteten auf Grundlage von 49 Studien über einen positiven Zusammenhang von .40 (korrigiert). Ein Moderatoreffekt konnte dabei für die Strukturiertheit des Interviews nachgewiesen werden, wobei Interviews mit zunehmender Strukturiertheit weniger stark mit Intelligenz saturiert waren. Unterteilt in drei Kategorien fanden sich für wenig strukturierte Interviews Zusammenhänge von .52, für mittelstrukturierte von .40 und für hochstrukturierte von .35. Ähnliche Ergebnisse fanden auch Salgado und Moscoso (2002), die für konventionelle Interviews Zusammenhänge von .41 mit Intelligenz berechneten sowie für verhaltensbezogene Interviews von .28.

Auch für den Zusammenhang zwischen dem Abschneiden in Interviews und Temperamentsmerkmalen der Kandidaten liegen metaanalytische Untersuchungen vor. Dabei fanden sich in der Regel geringe Varianzüberschneidungen zwischen strukturierten Interviews und den durch Selbsteinschätzung erhobenen Big Five (Salgado & Moscoso, 2002). Im Sinne eines Moderatoreffekts sind die Zusammenhänge für weniger strukturierte (konventionelle) Interviews noch etwas höher (im Bereich von .26 bis .38) im Vergleich zu höher strukturierten Interviews (.08 bis .21). Damit erfassen unstrukturierte Interviews eher Intelligenz und Persönlichkeit als strukturierte, was auf den informellen Charakter von konventionellen Interviews zurückgeführt werden kann, die dem Kandidaten mehr Verhaltensspielraum geben. Dieser Verhaltensspielraum sowie die Möglichkeit, Nachfragen zu stellen, bieten eine breitere Informationsbasis für Persönlichkeitsurteile über den Kandidaten. Die daraus möglicherweise resultierende Empfehlung, verstärkt unstrukturierte Interviews einzusetzen, ist jedoch mit Blick auf die höhere prädiktive Validität von strukturierten Interviews mit Vorsicht zu genießen.

Interviews korrelieren hoch mit simulationsorientierten Verfahren

Deutlich höhere Zusammenhänge finden sich zu simulationsorientierten Verfahren wie Assessment Center-Aufgaben. Mussel (2007a) berichtet metaanalytisch korrigierte Zusammenhänge des Multimodalen Interviews mit Rollenspiel, Kurzvortrag und Gruppendiskussion von .67, .52 und .49.

Darüber hinaus fanden Salgado und Moscoso (2002) für konventionelle vs. verhaltensbezogene Interviews korrigierte Zusammenhänge von .46 vs. .65 mit sozialer Kompetenz, erfasst über verschiedene interaktive Aufgaben. Mit Situational Judgment-Tests, einem in schriftlicher Form durchgeführten simulationsorientierten Verfahren, werden noch Zusammenhänge bis .46 berichtet.

Einen Grund für die höheren Zusammenhänge mit simulationsorientierten Verfahren sehen Roth, Van Iddekinge, Huffcutt, Eidson und Schmit (2005) in der anforderungsbasierten Entwicklung durch die Critical Incident Technique (CIT; Flanagan, 1954). Eine Interviewfrage, die auf Grundlage der CIT entwickelt wurde, reflektiert in erster Linie den Inhalt einer Tätigkeit. In den meisten Fällen sind jedoch eine Vielzahl unterschiedlicher Fähigkeiten und Fertigkeit nötig (oder wenigstens förderlich), um eine komplexe Aufgabe erfolgreich zu bewältigen. Eine typische Interviewfrage könnte beispielsweise den Umgang mit einem verärgerten Kunden thematisieren. Dabei steht zu erwarten, dass sehr unterschiedliche Fähigkeiten und Temperamentsmerkmale das Verhalten in dieser Situation determinieren. Beispielsweise könnten kognitive Fähigkeiten eine Rolle spielen, um das Problem des Kunden zu verstehen, Gewissenhaftigkeit könnte die Orientierung an bestehenden organisationalen Regelungen mit derartigen Problemen beeinflussen, emotionale Stabilität den Umgang mit Stress und soziale Kompetenz die Art der Kommunikation. Wenngleich die Antwort eines Kandidaten in der Regel ohne Probleme dahingehend interpretiert werden darf, wie erfolgreich die Situation bewältigt wird, kann der Rückschluss auf die Ausprägung eines bestimmten Konstrukts problematisch sein.

Bisher haben wir erörtert, welche Merkmale durch Interviews generell erfasst werden. Damit lassen wir jedoch die Inhalte der Fragen eines konkreten Interviews außer Acht. Wie wichtig dieser Aspekt ist, formulierten Posthuma, Morgeson und Campion (2002) folgendermaßen: „The interview can measure any number of constructs, depending on what questions are asked and how it is scored“ (S. 39). Das entspricht der Auffassung, dass Interviews eine Art Hülle sind, ähnlich einem schriftlichen Testverfahren (Schuler, 1992). Die Merkmale, die durch die Methode Interview erfasst werden, variieren demnach in Abhängigkeit von den Inhalten der Fragen und der Bewertung der Antworten.

Eine Möglichkeit, dies zu untersuchen, sind Multitrait-Multimethod-Analysen der im Interview erfassten Anforderungsdimensionen. Dabei zeigten sich insgesamt gemischte Befunde. Einige Studien fanden hohe konvergente und diskriminante Validitäten, die im Sinne hoher Konstruktvalidität interpretiert werden können, d. h. das Interview erfasst jene Konstrukte, die es auch erfassen soll. In den meisten Studien fand sich jedoch geringe diskriminane Validität (z. B. Melchers, Kleinmann, Richter, König & Klehe, 2004; Schuler, 1989). Das bedeutet, dass die innerhalb einer Methode (z. B. innerhalb der situativen Fragen) erfassten Dimensionen nicht trennscharf sind, sondern hoch korrelieren. Diese Befunde ähneln somit jenen aus der Assessment Center-Forschung.

Eine Schwierigkeit jener Untersuchungen, die sich auf Anforderungsdimensionen im Interview beziehen, könnte in der geringen Anzahl von Fragen liegen, durch die einzelne Anforderungsdimensionen erfasst werden. Interessanterweise finden sich deutlich optimistischere Befunde für die Erfassung intendierter Merkmale, wenn die Anforderungsdimensionen durch eine ausreichend große Anzahl von Fragen erfasst wurden oder sogar alle Fragen auf die Erfassung eines Konstrukts ausgerichtet waren. So berichteten Campion et al. (1988) über die Entwicklung eines situativen Interviews, das komplett auf die Erfassung kognitiver Fähigkeiten ausgerichtet war. Für das aus sieben technischen und Wissensfragen bestehende Interview fand sich dabei eine multiple Korrelation von .59 mit vier kognitiven Tests, die mathematische Fähigkeiten, mechanisches Verständnis, Sprachverstehen und Lesefähigkeit erfassten. Schuler (1989, 1992) berichtete über eine Studie, in der ein multimodales Interview eingesetzt wurde, das auf den Bereich der sozialen Kompetenz ausgerichtet war. Dabei fanden sich unkorrigierte Zusammenhänge von .56 zu einem biografischen Fragebogen, der ebenfalls soziale Kompetenz erfasste. Da soziale Kompetenz ein Merkmal ist, dessen Erfassung auch durch die Methode des persönlichen Gesprächs begünstigt wird, ist es besonders interessant, dass sich ähnliche Befunde auch für das Merkmal Leistungsmotivation gezeigt haben (Schuler, 1994). Dies deutet darauf hin, dass bei ausreichender Anzahl von Fragen Interviews durchaus auf die Erfassung bestimmter Konstrukte ausgerichtet werden können.

Interviewdimensionen können valider erfasst werden, wenn eine ausreichend große Anzahl von Fragen verwendet wird

Einstellungsinterviews sind das wohl vielseitigste diagnostische Instrument der Personalauswahl. Das macht es auch so schwierig, die Konstruktvalidität *des Einstellungsinterviews* zu ermitteln. Je nachdem, welche Fragen gestellt und welche Aspekte bewertet werden,

- sind sie einerseits Indikatoren für stabile Merkmale wie Intelligenz und soziale Kompetenz, also latenter psychologischer Konstrukte *(signs)*, andererseits Verhaltensstichproben, die typisch für den angestrebten Beruf sind, ähnlich wie simulationsorientierte Verfahren *(samples)*;
- erlauben sie einerseits eine Beobachtung des Verhaltens während des Gesprächs *(Performanz)*, andererseits eine Bewertung dessen, was der Bewerber sagt *(Deskription)*;
- erlauben sie zum einen die gezielte Erfassung intendierter Merkmale in Abhängigkeit von den gestellten Fragen *(explizit)* und erfassen andererseits bestimmte Merkmale implizit, aufgrund der typischen dyadischen Gesprächssituation *(implizit)*.

In Tabelle 4 wird diese Vielseitigkeit des Einstellungsinterviews durch konkrete Beispiele illustriert. Kombiniert man die beiden Ausprägungen der genannten Aspekte (signs vs. samples; explizit vs. implizit; Deskription vs.

Performanz), dann ergeben sich acht Fälle, die zeigen, wie unterschiedlich die im Interview zur Verfügung stehenden Informationen genutzt werden können.

Tabelle 4:

Beispiele für die Vielseitigkeit des Einstellungsinterviews (nach Mussel, 2007a, S. 80)

Kombination von bewerteten Aspekten im Einstellungsinterview	Beispiel
1. sign – Performanz – explizit	Gezieltes Evozieren und Beobachten von Verhaltensweisen, die Rückschluss auf ein Konstrukt geben: Bewertung der physischen und psychischen Verfassung am Ende eines langen Gesprächs als Indikator für Belastbarkeit; Bewertung der Körpersprache und nonverbaler Signale als Indikator für Selbstbewusstsein
2. sample – Performanz – explizit	Gezieltes Evozieren und Beobachten von Verhaltensweisen, die Rückschluss auf vorherzusagendes Verhalten geben: das Sich-Selbst-Verkaufen-Können als Indikator für verkäuferische Fähigkeiten; die Art des Auftretens und der Sprache als Indikator für Präsentationsfähigkeit
3. sign – Deskription – explizit	Gezieltes Erfragen bestimmter Indikatoren, die Rückschluss auf ein Konstrukt geben: Fragen nach dem Umgang mit hoher Arbeitsbelastung als Indikator für Belastbarkeit; Frage nach dem Interesse an Sachbüchern und Informationssendungen als Indikator der Intelligenz
4. sample – Deskription – explizit	Gezieltes Erfragen der Bewältigung zukünftig relevanter Anforderungen: Frage nach bisherigen Erfahrungen im Umgang mit Konflikten als Indikator für zukünftigen Umgang mit Konflikten; situative Frage zur Bewältigung eines Ressourcenkonflikts in der Abteilung als Indikator für zukünftiges Verhalten in einer ähnlichen Situation
5. sign – Performanz – implizit	Beobachtung typischer Verhaltensweisen in der dyadischen Situation als Indikator für psychologische Konstrukte: Bewertung der Ausdrucksweise und des persönlichen Auftretens als Indikatoren für soziale Kompetenz und verbale Fähigkeiten
6. sample – Performanz – implizit	Bewertung typischer Verhaltensweisen in der dyadischen Situation als Indikator für den Umgang in ähnlichen Situationen: Bewertung der Selbstsicherheit im Auftreten als Indikator, wie zukünftig mit dem Vorgesetzten oder dem Kunden umgegangen wird
7. sign – Deskription – implizit	Bewertung typischer Gesprächsinhalte in Bezug auf Konstrukte: typische Fragen zu Interesse an Beruf und Organisation können bezüglich der Vorbereitung des Kandidaten bewertet und somit als Indikator der Gewissenhaftigkeit interpretiert werden
8. sample – Deskription – implizit	Bewertung typischer Gesprächsinhalte in Bezug auf zukünftige Verhaltensweisen: Fragen nach Teamarbeit als Indikator für den zukünftigen Umgang mit Kollegen

2.3 Strukturiertheit

Das Ausmaß an Strukturiertheit hat sich als eines der wesentlichen Merkmale zur Verbesserung der psychometrischen Eigenschaften des Interviews erwiesen. Wie bereits erwähnt, hat schon Wagner (1949) auf die Vorzüge derart gestalteter Interviews hingewiesen. Im vorliegenden Abschnitt wird diskutiert, wie Strukturiertheit klassifiziert werden kann und welche Aspekte in der Gestaltung von Interviews zur Strukturiertheit beitragen.

Strukturiertheit hat mehrere Dimensionen

Die – auch in den bisherigen Ausführungen dieses Buches – vorgenommene Unterscheidung von strukturierten und unstrukturierten Interviews impliziert streng genommen, dass es sich hierbei um ein eindimensionales und dichotomes Merkmal handelt. Hingegen postulierte beispielsweise Huffcutt (Huffcutt & Arthur, 1994) zwei Dimensionen, wobei er die Strukturiertheit der Fragen von der Strukturiertheit der Antwortbewertung unterschied. Wie aus Tabelle 5 ersichtlich, definierte er diese Dimensionen auf drei bzw. vier Stufen. Die sich hieraus ergebenden 12 Zellen fasste er jedoch zu vier Stufen zusammen, nicht zuletzt deshalb, weil die beiden Dimensionen hoch korreliert sind (Chapman & Zweig, 2005) und bestimmte Kombinationen der beiden Dimensionen zwar theoretisch denkbar, praktisch jedoch sehr unwahrscheinlich sind (z. B. keine Vorgaben bezüglich der zu stellenden Fragen bei gleichzeitiger Bewertung jeder einzelnen Antwort anhand vorher definierter Verhaltensanker). Diese in Tabelle 5 mit römischen Ziffern gekennzeichneten vier Stufen haben somit wieder eine eindimensionale Struktur.

Tabelle 5:
Zwei Dimensionen der Strukturiertheit nach Huffcutt und Arthur (1994, S. 187)

<table>
<tr><th colspan="2" rowspan="2"></th><th colspan="4">Strukturiertheit der Fragen</th></tr>
<tr><th>keine formellen Beschränkungen</th><th>Vorgabe der thematischen Bereiche</th><th>vorgegebene Fragen, mit Wahlfragen und Nachfragen</th><th>alle Kandidaten erhalten dieselben Fragen</th></tr>
<tr><th rowspan="3">Strukturiertheit der Antwortbewertung</th><th>Bewertung am Ende des Interviews aufgrund des Gesamteindrucks</th><td>I</td><td>II</td><td>II</td><td>III</td></tr>
<tr><th>Bewertung mehrerer (Anforderungs-)Dimensionen</th><td>II</td><td>II</td><td>III</td><td>III</td></tr>
<tr><th>Bewertung jeder Antwort anhand von Verhaltensverankerungen</th><td>II</td><td>III</td><td>III</td><td>IV</td></tr>
</table>

Campion, Palmer und Campion (1997) machten sich um eine Sammlung unterschiedlicher Aspekte verdient, die die Strukturiertheit des Interviews ausmachen. Dabei definierten sie Strukturiertheit „very broadly as any enhancement of the interview that is intended to increase psychometric property by increasing standardisation or otherwise assisting the interviewer in determining what question to ask or how to evaluate responses“ (S. 656). Von den insgesamt 15 Aspekten ordneten sie sieben dem Inhalt des Interviews zu; im Einzelnen waren dies

- Anforderungsbezug,
- gleiche Fragen,
- Verzicht auf Hilfen und Nachfragen,
- bessere Fragen,
- längeres Interview,
- Verzicht auf ergänzende Information,
- keine Fragen der Kandidaten.

Darüber hinaus nannten sie acht Aspekte der Auswertung, namentlich

- Beurteilung der einzelnen Antworten oder Verwendung von Einstufungsdimensionen,
- verankerte Einstufungsskalen,
- detaillierte Aufzeichnungen,
- mehrere Interviewer,
- gleiche Interviewer,
- kein Meinungsaustausch zwischen den Interviewern,
- Training,
- statistische Prognose.

Wie wirkt sich Strukturiertheit auf die psychometrische Eigenschaft des Interviews aus?

Für diese Aspekte postulierten die Autoren teils auf Basis empirischer Daten, teils auf Plausibilitätsannahmen einen Einfluss auf Reliabilität, Validität, Benachteiligung sowie auf die soziale Validität des Interviews. Während sich in aller Regel für höher strukturierte Verfahren auch höhere psychometrische Qualität findet, gibt es hiervon auch Ausnahmen. Beispielsweise könnte der Verzicht auf Nachfragen durch die verringerte Variabilität zwischen Interviews zu erhöhter Reliabilität sowie durch die Fokussierung auf zuvor definierte Anforderungen zu geringerer Kontaminierung der Antwortbewertungen führen. Hingegen könnte der Verzicht auf zusätzliche Information auch die Defizienz des Interviews erhöhen, d. h. wichtige Informationen werden übersehen. Darüber hinaus könnte die geringere Möglichkeit zur Einflussnahme und zur Gestaltung der Situation zu geringerer Akzeptanz auf Seiten der Bewerber führen.

Chapman und Zweig (2005) untersuchten das nomologische Netz von Strukturiertheit im Interview empirisch anhand einer Befragung an über 500 Organisationen. Dabei konnten sie die beiden von Huffcutt und Arthur postulierten Dimensionen bestätigen, die sie nun „Konsistenz der Fragen“ sowie „Standardisierung der Bewertung“ nannten. Darüber hinaus fanden sie zwei weitere Dimensionen – „Sophistiziertheit der Fragen“ und „Aufbauen von Rapport“. Letzteres hebt auf die von Rynes (1989) betonte Funktion des Interviews als Instrument der Rekrutierung bzw. des Personalmarketings ab und war entsprechend leicht negativ mit den übrigen Dimensionen korreliert. Die Dimension „Sophistiziertheit der Fragen“ bezieht sich hauptsächlich auf die Nutzung von etablierten Interviewsystemen, wie sie in Abschnitt 3 dargestellt werden.

Wie bereits berichtet, ist die Strukturiertheit des Interviews der einflussreichste Moderator der Prognose beruflichen Erfolgs. Schmidt und Zimmermann (2004) konnten zeigen, dass dieser Unterschied zum Teil auf die Reliabilität von Interviews zurückzuführen ist, da strukturierte Interviews reliabler sind als unstrukturierte. Daher sahen die Autoren die Durchführung von mehreren unstrukturierten Interviews als gleichwertige Alternative zu einem strukturierten Interview an. Entsprechend dem Prinzip der erhöhten Reliabilität für längere Testverfahren konnten sie nach der Spearman-Brown-Formel berechnen, dass drei bis vier unstrukturierte, von unterschiedlichen Interviewern zu unterschiedlichen Zeitpunkten durchgeführte Interviews dieselbe prädiktive Validität wie ein strukturiertes Interview aufweisen und dabei höhere Akzeptanz von Seiten der Kandidaten und der Personalverantwortlichen genießen würden.

Mehrere unstrukturierte Interviews sind genauso gut wie ein strukturiertes

> Die Entwicklung eines allgemein akzeptierten Modells der Strukturiertheit von Interviews steht noch aus.

Macan (2009) spricht sich für die Entwicklung eines quantitativen, mehrdimensionalen Bewertungssystems für die Strukturiertheit von Interviews aus. Ergebnis eines solchen Systems wäre, dass jedes Interview einen Skalenwert (z. B. auf einer Skala von 1 = unstrukturiert bis 10 = strukturiert) erhält, der das Ausmaß an Strukturiertheit indiziert. Vergleichbare Maße sind auch für die Komponenten der Strukturiertheit, wie die beiden Dimensionen nach Huffcutt und Arthur (1994) oder die vier Dimensionen nach Chapman und Zweig (2005) denkbar. Damit könnten zukünftige Studien den Einfluss von Strukturiertheit auf Aspekte wie die Prognose beruflichen Erfolgs, die im Interview erfassten Konstrukte oder die Akzeptanz durch Verwender und Bewerber besser untersuchen.

2.4 Bewerberkognitionen

Die Betrachtung von Bewerberkognitionen liefert einen zusätzlichen Erklärungsansatz für die Frage, was Interviews messen und weshalb sie beruflichen Erfolg vorhersagen können. Besondere Aufmerksamkeit wurde dabei der von Kleinmann (1993; Kleinmann et al., 2011) vorgeschlagenen Fähigkeit zum Erkennen von Anforderungsdimensionen (im Englischen durch das Akronym ATIC für „ability to identify criteria“ abgekürzt) gewidmet. ATIC wird definiert als die Fähigkeit einer Person, an sie gestellte Leistungsanforderungen in einer Bewertungssituation richtig wahrzunehmen. Das Konzept geht davon aus, dass Kandidaten sich in Auswahlsituationen fragen, welche Anforderungsdimensionen durch ein Verfahren erfasst werden. Im Vergleich beispielsweise zu Intelligenztests sind Interviews weniger transparent bezüglich der zu erfassenden Konstrukte. Daher sind Kandidaten in einem wenig transparenten Auswahlverfahren zunächst gefordert, die gemessenen Konstrukte zu identifizieren. Da Kandidaten in Auswahlsituationen bemüht sind, möglichst gut abzuschneiden, haben sie im zweiten Schritt die Möglichkeit, ihr Verhalten auf diese Anforderungen auszurichten. Entsprechend ist zu erwarten, dass die Leistung in einem Auswahlverfahren beeinträchtigt ist, wenn die falschen Anforderungen identifiziert wurden. Darüber hinaus ist davon auszugehen, dass Personen Leistungsanforderungen nicht nur in Auswahlverfahren, sondern auch in beruflichen Situationen zu erkennen versuchen; entsprechend ist ein analoger Mechanismus auch für Verhalten jenseits der Personalauswahl zu erwarten (Blickle, 2014).

ATIC: Die Fähigkeit zum Erkennen von Anforderungsdimensionen

Um die Fähigkeit zur Erfassung von Anforderungsdimensionen zu erfassen, werden die Kandidaten nach dem Interview nach ihren Vermutungen bezüglich der im Interview bewerteten Kriterien gefragt. Die Antwort wird in freiem Antwortformat gegeben, wobei jeweils eine Dimension (z. B. Kreativität) und beispielhafte Verhaltensweisen (z. B. innovative Lösungen entwickeln, Blick über den Tellerrand) notiert werden. Anschließend schätzen Experten anhand von Ratings ein, wie gut die Vermutungen der Kandidaten auf die tatsächlichen Anforderungsdimensionen im Interview zutreffen. Diese Ratings werden anschließend über die Dimensionen zu einem Gesamtwert für ATIC aggregiert.

Bewerber, die die im Interview bewerteten Anforderungsdimensionen richtig erkannt haben, schneiden auch besser ab

In empirischen Studien zeigte sich ein positiver Zusammenhang zwischen ATIC und dem Abschneiden im Interview (um .30; Melchers et al., 2004). Dies belegt die Annahme, dass Personen, die das bewertete Verhalten im Interview richtig erkannt haben, ihr Verhalten besser auf diese Kriterien ausrichten können und entsprechend höhere Ratings erhalten.

Beim Erkennen der Anforderungsdimensionen handelt es sich um eine Fähigkeit, entsprechend finden sich moderate positive Korrelationen mit kognitiven Fähigkeiten. Kleinmann et al. (2011) konnten dabei zeigen, dass die Fähigkeit zum Erkennen der Anforderungsdimensionen den Zusammenhang zwischen kognitiven Fähigkeiten und den Ratings im Interview mediiert. Der Zusammenhang zwischen kognitiven Fähigkeiten und den Interviewergebnissen kann also durch ATIC erklärt werden. Dies bestätigt die Vermutung von Huffcutt und Kollegen (1996), dass intelligente Bewerber im Interview deshalb besser abschneiden, weil sie Fragen wie „Was sind Ihre größten Stärken und Schwächen“ besser durchdringen und ihre Antworten entsprechend darauf abstimmen. Schließlich konnten Studien einen Zusammenhang zwischen ATIC und beruflichem Erfolg belegen (Jansen et al., 2010), was nahelegt, dass Personen ihre Fähigkeit, soziale Hinweisreize zu erkennen und ihr Verhalten darauf abzustimmen, nicht nur in Auswahlsituationen, sondern auch in späteren beruflichen Situationen nutzen.

ATIC kann sowohl das Abschneiden im Interview als auch späteren beruflichen Erfolg vorhersagen. Die Fähigkeit zum Erkennen von Anforderungsdimensionen ist somit ein Erklärungsansatz für die kriterienbezogene Validität von Einstellungsinterviews.

Angesichts der kriterienbezogenen Validität von ATIC bestünde aus anwendungsbezogener Perspektive die Möglichkeit, dieses Konstrukt im Auswahlkontext mit zu erfassen und als zusätzlichen Indikator in die Auswahlentscheidung einfließen zu lassen. Die Messung könnte im Anschluss an das Interview entsprechend dem oben skizzierten Vorgehen erfolgen. Es ist jedoch anzumerken, dass bislang nur wenige Studien zu ATIC im Auswahlkontext stattgefunden haben (z.B. Griffin, 2014).

2.5 Selbstdarstellung und Verfälschung

In einem Symposium fragte Michael Campion, Professor für Management an der Purdue Universität in Indiana, USA, seine Zuhörer, wer glaube, dass Bewerber im Einstellungsinterview fälschliche Informationen von sich geben, um einen möglichst guten Eindruck zu hinterlassen. Es dürfte nicht überraschen, dass die meisten der Anwesenden dem zustimmten. Überraschender hingegen ist, dass dieses Symposium erst im Jahre 2006 stattgefunden hat und es bis zu diesem Zeitpunkt kaum Forschung dazu gab, inwieweit und durch welche Strategien Bewerber Informationen im Interview verfälschen, und wie sich dieses Verhalten auf Eignungsempfehlungen und die Validität des Interviews auswirkt. Ein damit verwandter Forschungsbereich betrifft die Eindrucksbildung im Interview (engl.: Impression Management), das sich auf die vorteilhafte und beschönigende Darstellung von Informationen bezieht.

Fast alle Bewerber wenden Strategien an, um im Interview einen möglichst guten Eindruck zu machen

Das Stimmungsbild, das sich in genanntem Symposium abgezeichnet hat, konnte inzwischen bestätigt werden. Befragt nach ihrem Verhalten in einem kürzlich geführten Einstellungsgespräch, gibt die Mehrzahl der Bewerber an, eine oder mehrere Strategien angewandt zu haben, um beim Interviewer einen möglichst guten Eindruck zu hinterlassen. Über verschiedene Studien hinweg liegen die Schätzungen dabei stets über 90% (z.B. Levashina & Campion, 2007). Impression Management ist damit fester Bestandteil der sozialen Interaktion zwischen Bewerber und Interviewer.

Theoretischer Hintergrund: Theorie sozialer Interdependenz

Diese Befunde lassen sich gut vor dem Hintergrund der Theorie sozialer Interdependenz erklären (Kelley & Thibaut, 1978; Rusbult & van Lange, 2003). Die Theorie beschreibt situative Merkmale, die dazu beitragen, dass sich Personen in besonderer Art und Weise bemühen, andere zu beeinflussen und durch Selbstdarstellung die Wahrscheinlichkeit erwünschter Ergebnisse zu maximieren. Wie der Name bereits andeutet, ist ein zentraler Aspekt der Theorie die Interdependenz oder Abhängigkeit zwischen zwei Interaktionspartnern, also das Ausmaß, in dem das Ergebnis einer Person von den Handlungen anderer Personen abhängig ist. Je stärker die Abhängigkeit, desto eher streben Personen danach, den beim Gegenüber erzeugten Eindruck positiv zu beeinflussen. In Einstellungsinterviews sind Bewerber in hohem Maße von den Handlungen des Interviewers abhängig, da dessen Entscheidung über die Leistung im Einstellungsinterview maßgeblich über das Verbleiben im Selektionsprozess bzw. über den Erhalt eines Einstellungsangebots entscheidet. Weitere situative Merkmale, die von der Theorie sozialer Interdependenz benannt werden und die zu positiver Selbstdarstellung führen können, sind Konflikte, die im Falle des Interviews aus divergierenden Zielen des Kandidaten (ein Einstellungsangebot zu erhalten) und des Interviewers (ein möglichst exaktes Bild der anforderungsrelevanten Qualifikationen zu erhalten) resultieren. Diese Tendenz wird weiter verstärkt, wenn die an der Interaktion beteiligten Personen sich nur wenig kennen bzw. nur wenig Information über den anderen zur Verfügung haben. Damit sind Einstellungsinterviews nach der Theorie sozialer Interdependenz ein typisches Beispiel für Situationen, in denen sich Personen um die Gestaltung eines möglichst positiven Eindrucks bemühen.

Leichte vs. starke Eindrucksbildung

Es können verschiedene Formen des Impression Management unterschieden werden. Levashina und Campion (2007) unterschieden dabei zwischen leichter Eindrucksbildung, starker Eindrucksbildung, Eindruckswahrung und Zuneigung. Zur leichten Eindrucksbildung zählen die Autoren dabei Verschönerung, die sich auf übertriebene Aussagen jenseits einer deskriptiven Beschreibung beziehen. Beispiele wären die Angabe, Experte in einem Gebiet zu sein, in dem man sich nur mäßig auskennt, die übertriebene Darstellung beruflicher Ziele oder Einschätzungen, sich schneller in eine Materie einarbeiten zu können, als dies tatsächlich der Fall ist. Zur leichten Eindrucksbildung zählen darüber hinaus Anpassungen der eigenen Aussagen an die Verhaltensweisen des Interviewers (im Interview das äußern, was der Interviewer hören möchte) sowie übertriebene Passung zwischen organisationalen und persönlichen Zielen, Werten und Einstellungen. Formen starker Eindrucksbildung unterscheiden sich davon im Wahrheitsgehalt; während bei leichter Eindrucksbildung wahre Informationen beschönigt werden, werden im Falle der starken Eindrucksbildung Unwahrheiten geäußert. Das können erfundene Beispiele über bisherige Erfahrungen sein, die Angabe von Fähigkeiten und Fertigkeiten, über die man nicht verfügt, oder das Äußern von Erfahrungen und Leistungen, die man nicht selbst erbracht, sondern bei anderen beobachtet hat. Wenngleich die Begrifflichkeiten in der Literatur nicht einheitlich gebraucht werden (Macan, 2009), so kann im Falle der starken Eindrucksbildung von Faking, also Verfälschung gesprochen werden, wohingegen leichte Eindrucksbildung teilweise als Faking, teilweise als Impression Management bezeichnet wird. Eine noch leichtere Form des Impression Management wäre die Eigenwerbung; dabei werden persönliche Stärken und Errungenschaften bewusst betont, ohne dass es dabei zu Verfälschungen oder Übertreibungen kommt.

Im Vergleich zu den bisher beschriebenen, sogenannten affirmativen Strategien des Impression Management handelt es sich bei der Eindruckswahrung um eine defensive Taktik, die darauf zielt, das Bild eines positiven Bewerbers zu wahren. Eine Strategie könnte darin bestehen, Informationen auszulassen. Wird ein Kandidat beispielsweise nach den Gründen für einen Berufswechsel gefragt, so könnte die Antwort den persönlichen Wunsch nach beruflicher Weiterentwicklung aufgreifen und gleichzeitig die Konflikte mit dem damaligen Vorgesetzten unerwähnt lassen. Auch das Verschweigen von persönlichen Schwächen oder nicht vorhandenen Qualifikationen gehört in diesen Bereich. Weitere Strategien des defensiven Impression Management sind Äußerungen, die nur solche Einschränkungen aufgreifen, die leicht ausgeräumt oder überwunden werden können oder die außerhalb der eigenen Verantwortung lagen oder die über Erklärungen und Rechtfertigungen Schwächen relativieren. Schließlich ist der Aspekt der Zuneigung zu nennen. Kandidaten können diesbezüglich bewusst Gemeinsamkeiten zwischen sich und dem Interviewer aufgreifen oder den Interviewer umschmeicheln, indem beispielsweise auch über Witze des Interviewers gelacht wird, die nicht lustig sind, oder indem sich der Kandidat positiv über die Durchführung des Interviews äußert. Barrick, Shaffer und DeGrassi (2009) ergänzen schließlich noch die äußere Erscheinung des Kandidaten, wobei sie sowohl Aspekte des gepflegten Äußeren und der situationsangemessenen Kleidung wie auch Attraktivität nennen, wenngleich es sich bei Letzterem um einen wenig veränderbaren Einflussfaktor handelt.

Zum Impression Management zählen leichte Eindrucksbildung (z. B. Beschönigungen), starke Eindrucksbildung (z. B. Verfälschung von Information), Eindruckswahrung (z. B. Informationen auslassen, die einen schlechten Eindruck machen würden) und Zuneigung (z. B. dem Interviewer schmeicheln).

Welche Formen der Selbstdarstellung nutzen Bewerber?

Insgesamt wenden Kandidaten häufiger affirmative Strategien des Impression Management an als defensive (Kleinmann & Klehe, 2011). Darüber hinaus zeigt sich erwartungsgemäß, dass häufiger Strategien leichter Eindrucksbildung als starker Eindrucksbildung angewandt werden (Levashina & Campion, 2007). Swider, Barrick, Harris und Stoverink (2011) konnten darüber hinaus zeigen, dass der Einsatz starker Eindrucksbildung davon abhängt, wie die Bewerber die ersten Minuten des Interviews empfinden. Dabei werden Strategien der starken Eindrucksbildung häufiger angewandt, wenn sie nach zwei bis drei Minuten das Gefühl hatten, für die angestrebte Position weniger gut geeignet zu sein.

Einfluss von Selbstdarstellung auf das Abschneiden im Interview

In Bezug auf das Abschneiden im Interview scheinen Kandidaten mit ihrem Verhalten durchaus Erfolg zu haben: Gerade für die Strategien der Selbstwerbung, der leichten Eindrucksbildung sowie der Zuneigung finden sich positive Zusammenhänge mit den Einschätzungen der Interviewer, d. h. Personen, die diese Strategien der Eindrucksbildung anwenden, werden von Interviewern tendenziell besser eingeschätzt (Barrick et al., 2009). Auch der kombinierte Einsatz von leichter Eindrucksbildung und Zuneigung führt zu besseren Einschätzungen durch den Interviewer, verglichen mit dem alleinigen Einsatz einer dieser Strategien. Interessanterweise generalisieren diese Ergebnisse nicht auf starke Eindrucksbildung. So berichten Swider und Kollegen (2011) über einen positiven Zusammenhang zwischen Selbstwerbung sowie einen negativen Zusammenhang zwischen starker Eindrucksbildung und den Einschätzungen im Interview. Die Empfehlung an Kandidaten, sich im Einstellungsinterview zwar von ihrer besten Seite zu präsentieren, aber dabei nicht unehrlich zu sein, hat somit nicht nur eine moralische Komponente, sondern erscheint mit Hinblick auf das Abschneiden im Interview gerechtfertigt. Erwartungsgemäß werden die Zusammenhänge zwischen Selbstdarstellungstendenzen im Interview und den Bewertungen der Interviewer dabei durch die Strukturiertheit des Interviews moderiert; dabei finden sich deutlich stärkere Zusammenhänge für unstrukturierte als für strukturierte Interviews, da Letztere den Kandidaten weniger Gelegenheit geben, das Gespräch zu lenken und zu beeinflussen – ein Effekt, der mit der Stärke der Situation erklärt wurde. Auch Nachfragen im Interview seitens der Kandidaten erhöhen den Einfluss von Selbstdarstellungstendenzen, d. h. Nachfragen sind nicht geeignet, um potenzielle Widersprüche und Ungereimtheiten aufzudecken, sondern laden die Kandidaten eher ein, ihre Aussagen auf den Interviewer anzupassen.

Wenn nun Kandidaten über die Möglichkeit verfügen, den Eindruck des Interviewers zu beeinflussen, und von dieser Möglichkeit in aller Regel Gebrauch machen, so stellt sich die Frage, wie sich dieses Verhalten auf die psychometrischen Eigenschaften des Einstellungsinterviews auswirkt. Dabei wurde einerseits die Position vertreten, dass Selbstdarstellung im Interview zu einer Verzerrung und Verfälschung der Einschätzung über die wahre Eignung eines Kandidaten führt, während andererseits diskutiert wurde, inwieweit Selbstdarstellungstendenzen sich nicht auch im Beruf positiv auswirken können und somit ein anforderungsrelevantes Merkmal darstellen, insbesondere in Kontakt- und Serviceberufen. Die bisherigen Befunde deuten in der Tat darauf hin, dass Personen mit hohen Selbstdarstellungstendenzen im Interview auch beruflich erfolgreicher sind (Barrick et al., 2009; Kleinmann

& Klehe, 2011), wenngleich die Zusammenhänge geringer ausfallen als mit den Beurteilungen im Interview. Inwieweit es sich bei diesem Befund jedoch um die Vorhersage tatsächlicher beruflicher Leistung handelt oder ob Selbstdarstellungstendenzen die Leistungseinschätzungen von Vorgesetzten nur in analoger Weise verzerren wie die Einschätzungen von Interviewern, müssen zukünftige Studien klären. Auch über den anzunehmenden Moderationseffekt, der sich aus den Anforderungen des Berufs ergibt (Kontakt- und Serviceberufe vs. andere), ist bislang noch wenig bekannt.

Bewerber setzen häufig Strategien der Selbstdarstellung ein; insbesondere mit Strategien der leichten Eindrucksbildung sind sie dabei durchaus erfolgreich, d. h. sie schneiden besser im Interview ab. Hingegen wirken sich Strategien der starken Eindrucksbildung eher negativ aus. Auf die psychometrischen Eigenschaften des Interviews hat dies jedoch eher keinen nachteiligen Einfluss.

Bei Selbstdarstellungstendenzen handelt es sich um eine stabile Eigenschaft

Interessanterweise zeigten sich Selbstdarstellungstendenzen als relativ stabile Eigenschaft. Beispielsweise konnten Van Iddekinge, McFarland und Raymark (2007) zeigen, dass affirmative Strategien der Selbstdarstellung, insbesondere Zuneigung, positiv mit Vulnerabilität korreliert ist, eine Facette der Persönlichkeitsdimension Neurotizismus. Darüber hinaus zeigten sich negative Zusammenhänge zwischen Altruismus, einer Facette der Dimension Verträglichkeit, mit defensiven Selbstdarstellungstendenzen. Auch finden sich häufiger Selbstdarstellungstendenzen bei Personen mit hoher Ausprägung auf der Dimension Self-Monitoring, da diese Personen in stärkerem Ausmaß ihr Verhalten reflektieren und an die Erwartungen anderer Personen anpassen, um einen möglichst guten Eindruck zu machen. Auch zeigen Personen mit hohem Selbstwert häufiger Selbstdarstellungstendenzen. Weitere Hinweise auf die Stabilität von Selbstdarstellungstendenzen kommen aus der Studie von Kleinmann und Klehe (2011), die zeigen konnten, dass das Auftreten bestimmter Strategien der Selbstdarstellung konsistent über unterschiedliche Interviewformate (in diesem Fall vergangenheitsbezogene und situative Interviewfragen) hinweg erfolgt. Die Auswertung über Multitrait-Multimethod-Matrizen zeigte dabei ein Muster, das die Autoren als hohe Konstruktvalidität interpretierten; paradoxerweise war die Konstruktvalidität der Dimensionen der Selbstdarstellungstendenzen dabei sogar höher als jene der Anforderungsdimensionen des Interviews.

Da Bewerber häufig Strategien der Selbstdarstellung nutzen und dabei, wenngleich nicht so häufig, auch Informationen fälschen oder erfinden, stellt sich die Frage, wie erfolgreich Interviewer darin sind, derartige Verfälschungen aufzudecken. Es zeigte sich, dass erfundene Informationen im Interview größtenteils unentdeckt blieben. Dabei sind Beobachter noch erfolgreicher als Interviewer selbst, vermutlich weil sie weniger kognitive Ressourcen auf das Führen des Gesprächs verwenden, doch selbst für Beobachter liegt die Entdeckungswahrscheinlichkeit nur bei 20 % (Giordano, George, Marett & Keane, 2011), d. h. auf eine entdeckte Unwahrheit kommen vier unentdeckte. Die Entdeckungswahrscheinlichkeit konnte dabei durch einen entsprechenden Warnhinweis verbessert werden, der die Interviewer und Beobachter daran erinnerte, dass Bewerber möglicherweise die Unwahrheit sagen könnten. Da diese Hinweise zu keiner Erhöhung der falschen Alarme führen, also zur „Entdeckung" einer Lüge, die gar keine war, können solche Hinweise für den Einsatz in der Praxis empfohlen werden.

3 Wichtige Interviewsysteme

Einstellungsinterviews erfüllen ganz verschiedene Funktionen. Dass sie jedoch auch ihre wichtigste Funktion erfüllen, die Prognose beruflichen Erfolgs, ist der Entwicklung moderner Interviewsysteme zu verdanken. Denn wie bereits ausgeführt (vgl. Abschnitt 1.6), galten Interviews lange Zeit als unvalide. In diesem Abschnitt werden vier wichtige Interviewsysteme vorgestellt. Dabei wird Bezug genommen auf die beiden wichtigsten Maßnahmen zur Verbesserung der Validität von Einstellungsinterviews: die Strukturiertheit und den Anforderungsbezug.

3.1 Das Behavior Description Interview

Das erste vorzustellende Interviewsystem ist das von Janz (1982) beschriebene Behavior Description Interview (BDI). Das BDI nutzt vergangenheitsbezogene Fragen, sodass es zur Gruppe der biografieorientierten Verfahren gezählt werden kann. Das Grundprinzip dieser Verfahren ist die Lord Byron zugeschriebene Weisheit „the best prophet of the future is the past". Entsprechend werden Verhaltensweisen, Erfahrungen und biografische Fakten, aber auch Meinungen und Selbsteinschätzungen erfragt.

Der Ablauf des Behavior Description Interviews

In der erweiterten Form des Patterned Behavior Description Interview (Janz, Hellervik & Gilmore, 1986) umfasst das Interview fünf Phasen (vgl. Tab. 6).

Tabelle 6:
Ablauf des Patterned Behavior Description Interview (nach Schuler, 2002, S. 178)

Phase	Beispiele
Phase 1: Dokumentierte, überprüfbare Fakten wie biografische Daten und Leistungsergebnisse	– Was war Ihre durchschnittliche Abiturnote? – Über welches Budget haben Sie verfügt?
Phase 2: Fachkenntnisse und Fertigkeiten	– Mit welchem Textverarbeitungsprogramm können Sie umgehen? – Wie kann man mithilfe des Textverarbeitungsprogramms Tabellen in Texte einfügen?
Phase 3: Erfahrung, Beschreibung von Aktivitäten	– Welche Aufgaben hatten Sie an Ihrem letzten Arbeitsplatz? – Was war Gegenstand Ihrer Diplomarbeit?
Phase 4: Bewertungen und Selbsteinschätzungen	– Was mochten Sie am meisten an Ihrer bisherigen Tätigkeit? – Was sind Ihre Stärken und Schwächen? – Was wollen Sie in fünf Jahren erreicht haben?

Tabelle 6:
Fortsetzung

Phase	Beispiele
Phase 5: Verhaltensbeschreibungen	– Berichten Sie über Ihren größten Erfolg in Ihrer letzten Tätigkeit. Beginnen Sie damit, wie Sie die Aufgabe geplant haben, wie sie den Plan ausgeführt haben und wie sie mit der größten Schwierigkeit fertig wurden, auf die Sie gestoßen sind. – Berichten Sie über Ihren gestrigen Tag. Ich interessiere mich für alle Details vom Beginn Ihres Arbeitstags, bis Sie das Büro verließen. – Erzählen Sie mir von dem schwächsten Mitarbeiter, mit dem Sie jemals zu tun hatten.

Der wichtigste Teil sind dabei auf das Verhalten bezogene Fragen (Phase 5). Um möglichst viele Details zu erfahren, werden bei Bedarf Nachfragen gestellt. Dies ist am Beispiel eines Softwareentwicklers im untenstehenden Kasten illustriert.

Beispielfragen für das Behavior Description Interview

- Berichten Sie über eines Ihrer Projekte, das erheblich zu spät zum Abschluss kam.
- Was war das für ein Projekt?
- Welches waren die größten Schwierigkeiten, denen Sie sich gegenüber sahen?
- Wie haben Sie versucht, diese Schwierigkeiten zu überwinden?
- Was war das Ergebnis Ihrer Bemühungen?
- Welche Auswirkung hatte die Verzögerung für denjenigen, der dieses Programm angefordert hatte?
- Was haben Sie getan, um zukünftige Verzögerungen zu verhindern?
- Wie oft gerieten Ihre Projekte im letzten Jahr in Verzug?

Die Entwicklung von BDI-Fragen erfolgt anforderungsbasiert, in der Regel auf Basis der Methode der kritischen Ereignisse (Critical Incidents). Insbesondere wenn sich die Anforderungen geändert haben oder es sich um die Rekrutierung für eine neu geschaffene Position handelt, werden die Fragen und Anforderungen hingegen direkt aus den Aufgaben geschlossen. Jede Frage ist dabei einer (oftmals intuitiv festgelegten) Kompetenz oder Anforderungsdimension zugeordnet.

Die Bewertung erfolgt je Kompetenz, wobei in der Regel zwei oder drei Fragen zu jeder Kompetenz gestellt werden. Taylor und O'Driscoll (1995) schlagen vor, jede Kompetenz auf fünf Stufen von 1 (weit unter den Anforderungen) bis 5 (weit über den Anforderungen) zu bewerten. Nach Janz et al. (1986) sollen diese Bewertungen die Leistung eines Kandidaten im Vergleich zu allen anderen Kandidaten abbilden, sodass beispielsweise die schwächsten 20 % mit „1“ bewertet werden. Anschließend können die Dimensionen ggf. gewichtet aggregiert werden. Diese Form der Ergebnisbewertung verlangt den Interviewern erhebliches Geschick ab, insbesondere da vorgesehen ist, verschiedenen Bewerbern auch verschiedene Fragen zu stellen, die möglichst gut auf deren Biografie und Erfahrungen passen. Damit erfüllt das BDI zwar mit dem Anforderungsbezug ein wichtiges Kriterium der Strukturiertheit, ist bezüglich der Fragenauswahl und Urteilsbildung aber eher der Gruppe der unstrukturierten Interviews zuzurechnen.

Das Behavior Description Interview ist nur teilweise strukturiert

3.2 Das situative Interview

Ein Interviewformat, das ebenfalls weite Verbreitung gefunden hat, ist das situative Interview bzw. die situative Interviewfrage (Latham, 1989; Latham, Saari, Pursell & Campion, 1980). Im Vergleich zum verhaltensbeschreibenden Interview BDI ist das situative Interview zukunftsorientiert. Dies macht sich u. a. daran fest, dass die Frage an den Kandidaten häufig mit dem Zusatz „Wie würden Sie sich verhalten?“ (vs. „Was haben Sie getan?“ im Falle des BDI) eingeleitet wird. Dabei wird eine für die angestrebte Position typische und anspruchsvolle Situation geschildert; die Aufgabe der Kandidaten ist es, sich in diese Situation hineinzuversetzen und anzugeben, wie sie sich verhalten würden. Da der Handlungsvollzug nur geschildert und nicht selbst ausgeführt wird, kann man bei situativen Fragen auch von mentalen Arbeitsproben sprechen; entsprechend sind sie Vertreter des Simulationsansatzes (Schuler, 2000). Situative Fragen erfassen eher maximales Verhalten, wohingegen vergangenheitsbezogene Fragen eher typisches Verhalten erfassen. Theoretische Basis ist die Zielsetzungstheorie von Locke, wonach Antworten auf situative Fragen als Verhaltensintentionen interpretiert werden können, die dem Verhalten selbst vorausgehen.

> Das situative Interview ist zukunftsorientiert und erfasst eher maximales Verhalten, wohingegen das verhaltensbeschreibende Interview vergangenheitsorientiert ist und eher typisches Verhalten erfasst.

Beim situativen Interview handelt es sich um ein hochstrukturiertes Interviewsystem

Das situative Interview beinhaltet, neben ein paar einleitenden Sätzen, ausschließlich eine größere Anzahl (z. B. 20 bis 30) situativer Fragen. Die Antwort des Kandidaten wird auf einer meist fünfstufigen Skala eingestuft, die für schlechtes, durchschnittliches und überdurchschnittliches Verhalten durch Beispiele illustriert ist. Dadurch wird sichergestellt, dass sich die Bewertung unabhängig von der Person des Interviewers an den gleichen Kriterien orientiert. Eine Zuordnung von Fragen zu Antwortdimensionen ist schwierig, da das komplexe Verhalten einer Person in einer konkreten Situation meist durch mehrere Kompetenzen und Konstrukte bedingt ist. Der Gesamtwert im Interview wird durch Mittelung der Bewertungen ermittelt und anschließend mit den Werten anderer Kandidaten verglichen. Ein Beispiel für eine situative Frage findet sich im untenstehenden Kasten.

Beispielfrage für das situative Interview (nach Klehe & Latham, 2005, S. 111)

„Ihre Projektgruppe arbeitet unter hohem Zeitdruck an einem wichtigen Projekt. Ein Mitglied der Gruppe war im letzten Jahr besonders erfolgreich. Sie übernimmt die Leitung der Gruppe, moderiert die Besprechungen und führt Protokoll. Jedoch haben Sie das Gefühl, dass sie nur solche Ideen aufnimmt, die ihrer eigenen Meinung entsprechen, und damit Entscheidungen fällt, ohne sie in der Gruppe diskutiert zu haben. Wie würden Sie sich verhalten?"

Antwortskala mit Verhaltensverankerungen (nur für den Interviewer):
1: Ich unternehme nichts.
2: …
3: Falls die Position der Führungsperson nicht meiner Meinung entspricht, spreche ich sie auf ihr Verhalten an.
4: …
5: Ich beziehe andere Projektmitglieder in die Diskussion ein und frage nach deren Meinung; ich fordere jeden auf, sich Notizen zu machen; ich frage die Führungsperson nach ihren Aufschrieben, damit die Gruppe diese kommentieren kann.

Bei der Entwicklung von situativen Fragen ist einiges zu beachten

Als simulationsorientiertes Verfahren sind situative Fragen eng an die zukünftigen beruflichen Anforderungen angelehnt. Entsprechend ist eine Anforderungsanalyse zur Entwicklung notwendig, die ebenfalls auf der Methode der kritischen Ereignisse beruht. Die durch Arbeitsplatzexperten gewonnenen kritischen Situationen lassen sich oftmals direkt in situative Fragen überführen. Nach Klehe und Latham (2005) ist bei der Entwicklung der Fragen auf vier Punkte zu achten: (1) der Schwerpunkt auf Intentionen; (2) die Erfassung dieser Intentionen durch die Darbietung einer Dilemmasituation; (3) die Entwicklung einer Antwortskala mit Verhaltensbeispielen; (4) eine Pilotuntersuchung. Letzteres lehnt sich an die Entwicklung von Testverfahren an und bezieht sich auf die Prüfung und Auswahl von Interviewfragen aufgrund von psychometrischen Kennwerten wie Schwierigkeit, Trennschärfe und ggf. Validität.

Besonders hervorzuheben ist der Aspekt der Dilemmasituation. Dieser grenzt situative Fragen von zukunftsbezogenen Fragen ab. Ein Beispiel für eine zukunftsbezogene Frage (nach Klehe & Latham, 2005) wäre: „Als Sie mit einer älteren Person eine vielbefahrene Straße überqueren, bittet Sie diese um Hilfe. Wie verhalten Sie sich?". Ein Beispiel für eine situative Frage wäre hingegen: „Als Sie mit einer älteren Person eine vielbefahrene Straße überqueren, bittet Sie diese um Hilfe. Während Sie sich gerade zu ihr umdrehen möchten, reißt ein Windstoß Ihr Lotterielos mit 6 Richtigen aus Ihrer Hand und weht es die Straße hinunter. Wie verhalten Sie sich?". In der Literatur finden sich deutlich höhere Validitätskoeffizienten für situative als für zukunftsorientierte Fragen (Klehe & Latham, 2005; Mussel, 2007a). Auf diesen Aspekt der Entwicklung von Interviewfragen lässt sich auch eine Diskussion über die Eignung von situativen Fragen für komplexere Positionen zurückführen. In einer Metaanalyse von Huffcutt, Conway, Roth und Klehe (2004) zeigte sich dabei, dass sowohl verhaltensbeschreibende als auch situative Interviews für wenig und mittelkomplexe Berufe hohe Validität aufweisen, jedoch nur verhaltensbezogene Interviews für hochkomplexe Berufe geeignet seien. In die Kategorie der situativen Interviews für hochkomplexe Berufe gingen jedoch nur 6 Studien ein; wie sich herausstellte, handelte es sich dabei vornehmlich um zukunftsorientierte Fragen. Neuere Studien, die das situative Interview untersuchten, fanden hingegen auch für hochkomplexe Berufe hohe Validität (Klehe & Latham, 2005; Mussel, Görlich & Schuler, 2006). Damit kann der Einsatz beider Interviewformate für Positionen auf allen Komplexitätsniveaus empfohlen werden; gleichzeitig weisen diese Befunde auf die Wichtigkeit einer sorgfältigen Entwicklung hin.

3.3 Das entscheidungsorientierte Gespräch

Im Vergleich zum verhaltenbeschreibenden und zum situativen Interview hat das entscheidungsorientierte Gespräch (Westhoff, 2009) keine bestimmten Fragentypen oder -inhalte zum Gegenstand. Vielmehr besteht es aus Hinweisen und Checklisten, die den Prozess der Entwicklung eines Interviewleitfadens beschreiben. Zielgruppe sind somit geschulte Diagnostiker (meist Psychologen), die im Auftrag eines Klienten einen Leitfaden für Eignungsinterviews erstellen. Der Leitfaden ist so gestaltet, dass die Durchführung sowohl durch den Diagnostiker als auch durch den Kunden (z. B. Personalverantwortliche eines Unternehmens) erfolgen kann.

Das entscheidungsorientierte Gespräch ist kein Interviewsystem, sondern eine Anleitung zur Entwicklung eines Interviewleitfadens

Theoretische Basis ist die Verhaltensgleichung der entscheidungsorientierten Diagnostik, wobei Verhalten als Funktion des Organismus (z. B. körperliche Bedingungen wie Krankheiten oder körperliche Belastbarkeit), situationaler sowie psychologischer Variablen wie auch Interaktionen zwischen diesen gesehen wird. Zu den psychologischen Variablen zählen kognitive oder geistige Anforderungen (z. B. Fachkenntnisse, Konzentration, Gedächtnis), motivationale Anforderungen (z. B. Leistungsmotiv), emotionale Anforderungen (z. B. emotionale Stabilität, Schuld, Angst, Liebe) sowie soziale Anforderungen (z. B. soziale Beziehungen, Umgang mit anderen).

Die Checklisten führen durch den gesamten Prozess der Entwicklung des Interviewleitfadens, der in die Phasen Planung, Durchführung und Auswertung unterteilt ist. Ausgangspunkt ist zunächst die Klärung des Auftrags. Westhoff nennt als Beispiele für diese Phase: Was soll getan werden? Was führte zu dem geplanten Auftrag? Wie sieht die bisherige Vorgehensweise zur Beantwortung der Fragestellung des Auftrags aus? Wie sind die Ergebnisse der bisherigen Strategie? Wer hat die Ergebnisse der Eignungsbeurteilung bisher wie verwendet?

Die weiteren Schritte der Planung betreffen insbesondere die Durchführung einer Anforderungsanalyse, beispielsweise nach der Methode der kritischen Ereignisse. Darüber hinaus werden Anforderungen an die Person des Interviewers formuliert sowie Hinweise zur Konstruktion des Leitfadens gegeben. Für die Durchführung des Gesprächs liegen ebenfalls Checklisten vor, die im folgenden Kasten illustriert sind.

**Beispiel
für die Durchführung des entscheidungsorientierten Gesprächs**

- das Gespräch entsprechend der Planung durchführen
- zielorientiert vorgehen
- möglichst hohen Redeanteil der Probanden bei gleichzeitig niedrigem Redeanteil des Diagnostikers sicherstellen
- Leitfaden nicht als Fragebogen verwenden, sondern als Gedächtnisstütze
- durch verbale und nonverbale Gesprächsverstärker relevante Inhalte verstärken
- bei irrelevanten Gesprächsinhalten Verstärker aussetzen oder direkt wieder zum Thema zurückführen
- Aufzeichnen des Gesprächs auf Kassette oder Video

Der Ablauf der Entwicklung eines Interviewleitfadens

Im Rahmen der Auswertung des entscheidungsorientierten Gesprächs werden wichtige Aussagen des Kandidaten zusammenfassend dargestellt und nach Anforderungen geordnet. Die Entscheidung erfolgt als Abgleich zwischen den Anforderungen der Position sowie Informationen, die im Rahmen des entscheidungsorientierten Gesprächs wie auch anderer Methoden gesammelt wurden. Schließlich werden Hinweise zur Protokollierung, zu Feedback, Dokumentation und Validierung gegeben.

Insgesamt ist das entscheidungsorientierte Gespräch also kein gebrauchsfertiges Verfahren, sondern eine Art Werkzeugkoffer, der Regeln zur Verfügung stellt, mit deren Hilfe ein Interviewleitfaden entwickelt werden kann.

3.4 Das Multimodale Interview

Das Multimodale Interview ist ein von Schuler (1989, 2002) erarbeitetes teilstrukturiertes Interviewsystem. Theoretische Grundlage ist der in Abbildung 4 illustrierte trimodale Ansatz der Berufseignungsdiagnostik (Schuler, 2000; Schuler & Schmitt, 1987). Der Grundgedanke dieses Modells basiert auf drei sich ergänzenden diagnostischen Ebenen, die jeweils durch spezifische Methoden repräsentiert werden. Die Ebene der Eigenschaften bezieht sich auf die Erfassung von psychologischen Konstrukten und beinhaltet den Schluss von einem Testergebnis auf ein dahinter liegendes latentes Merkmal. Typische Methoden zur Erfassung von Eigenschaften sind psychologische Testverfahren. Die Ebene des Verhaltens bezieht sich auf die Erfassung konkreten Verhaltens in der Testsituation, von dem auf Verhalten außerhalb der Testsituation geschlossen wird. Derartige Verhaltensbeobachtungen können durch Simulationen wie z. B. Arbeitsproben realisiert werden (daher auch Simulationsansatz genannt). Die dritte Ebene bezieht sich auf Verhalten und Verhaltensergebnisse aus der Vergangenheit einer Person. Dabei erfolgt ein Schluss von vergangenen Verhaltensweisen, wie sie beispielsweise durch einen biografischen Fragebogen erfasst werden, auf zukünftiges Verhalten (daher auch biografischer Ansatz genannt). Da Messergebnisse auch davon abhängen, mit welchen Methoden sie erhoben wurden, soll sich eine möglichst valide Diagnose durch die Kombination verschiedener Modalitäten bzw. der zugehörigen Methoden ergeben (Schuler & Schmitt, 1987).

Theoretische Basis des Multimodalen Interviews: Der trimodale Ansatz der Berufseignungsdiagnostik

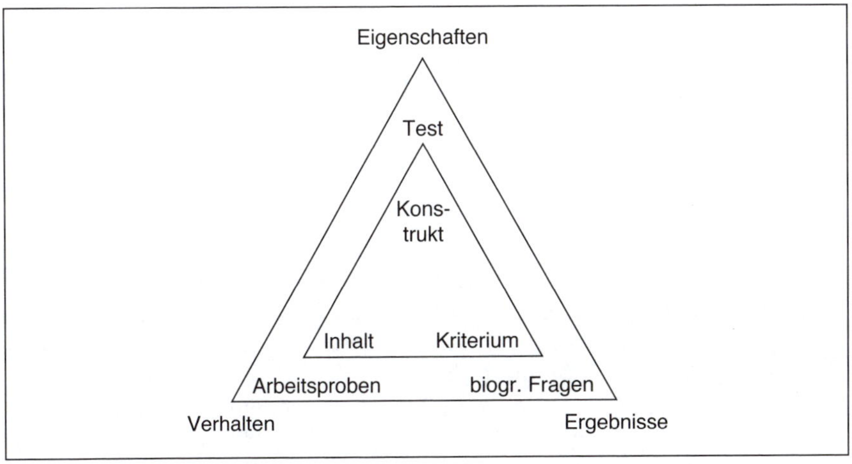

Abbildung 4:
Der trimodale Ansatz der Berufseignungsdiagnostik nach Schuler (2000)

Während eignungsdiagnostische Methoden in der Regel einer der drei Ebenen des trimodalen Ansatzes zugeordnet werden können, liegt die Besonderheit des Multimodalen Interviews darin, dass es alle drei Ebenen repräsentiert, da Elemente aus unterschiedlichen Verfahrenstypen wie psychologischen Testverfahren, Assessment Centern oder biografischen Fragebogen in das Interview integriert wurden.

Das Multimodale Interview besteht aus acht Teilen

Der Aufbau des Multimodalen Interviews gliedert sich in vollständiger Form in acht Teile:

1. *Gesprächsbeginn:* Der erste Teil des Interviews ist ein kurzes informelles Gespräch, das u. a. die Vorstellung der Gesprächspartner und einen Überblick über den Ablauf des Interviews zum Gegenstand hat und nicht bewertet wird. Seine Hauptfunktion besteht in der Herstellung einer angenehmen, offenen Atmosphäre.
2. *Selbstvorstellung des Bewerbers:* Für die erste bewertete Komponente wird der Kandidat gebeten, in eigenen Worten in vorgegebener Zeit über seinen beruflichen Hintergrund, sein Interesse für die angestrebte Position sowie seine beruflichen Ziele zu sprechen. Diese Komponente ist an Präsentationsaufgaben aus dem Assessment Center-Kontext angelehnt (Thornton, 1992) und wird entsprechend bezüglich zuvor definierter Anforderungsdimensionen summarisch bewertet. Die Bewertung orientiert sich sowohl an den Inhalten der Selbstvorstellung als auch an beobachtbaren Verhaltensweisen (wie Ausdrucksfähigkeit, Strukturiertheit etc.).
3. *Freier Gesprächsteil:* Unmittelbar im Anschluss an die Selbstvorstellung kann der Interviewer Fragen stellen, die sich auf das eben Gehörte, auf ggf. vorliegende Bewerbungsunterlagen sowie weitere Aspekte beziehen, die dem Interviewer relevant erscheinen. Diese Komponente ist dem klassischen unstrukturierten Interview entlehnt, das zum einen von Kandidaten besonders geschätzt wird (Schuler, Frier & Kaufmann, 1993), zum anderen andere Merkmale erfasst als strukturierte Interviews (Salgado & Moscoso, 2002) und somit einen zusätzlichen Informationsgehalt aufweist. Da die Art und Anzahl der zu stellenden Fragen nicht vorgegeben ist, findet am Ende eine summarische Einschätzung statt.
4. *Berufs- und Organisationswahl:* Innerhalb dieser strukturierten Komponente werden Interessen, Motive und Beweggründe für die Bewerbung erfragt. Die Fragen sind vorgegeben, die Antworten werden anhand verankerter Skalen bewertet.
5. *Biografiebezogene Fragen:* Die strukturierten Fragen dieser Komponente sind vergangenheitsorientiert, da sie sich auf zurückliegende Erfahrungen eines Kandidaten beziehen. Jede Frage ist zudem einer Anforderungsdimension zugehörig. Die Fragen werden zunächst offen gestellt und ggf. durch vorgegebene Nachfragen sowie die Bitte um konkrete Beispiele präzisiert. Die Entwicklung der Fragen erfolgt anforderungsanalytisch entsprechend den zugrunde liegenden Anforderungsdimensionen oder unter Rückgriff auf Fragen aus validierten biografischen Fragebo-

gen. Die Bewertung findet je Frage anhand verhaltensverankerter Skalen statt.

6. *Realistische Tätigkeitsinformation:* An dieser Stelle wird der Kandidat über die Anforderungen und Bedingungen der angestrebten Position sowie über das Unternehmen, Unternehmensklima, Entwicklungsmöglichkeiten etc. informiert, ohne dass eine Bewertung stattfindet. Ziel ist es, durch ein realistisches Bild über die angestrebte Tätigkeit die Selbstselektion des Kandidaten zu unterstützen, was sich positiv auf Arbeitszufriedenheit und Fluktuation auswirkt.
7. *Situative Fragen:* Die Fragen dieser Komponente sind an die oben beschriebenen situativen Fragen nach Latham (1989) angelehnt. Methodisch sind sie im Sinne einer mentalen Simulation bzw. eines Low-fidelity-Tests dem Simulationsansatz zuzuordnen. Die Bewertung erfolgt anhand von Skalen, deren Verankerungen sich an besonders guten, durchschnittlichen oder weniger guten Verhaltensweisen von Mitarbeitern orientieren.
8. *Gesprächsabschluss:* Zum Abschluss des Gesprächs wird dem Kandidaten ein Ausblick über den weiteren Bewerbungsprozess gegeben. Der Kandidat erhält die Möglichkeit, seinerseits Fragen zu stellen; ggf. werden schon erste Vertragsverhandlungen angeschlossen. Dabei findet keine Bewertung statt.

Neben der Berücksichtigung aller Ebenen des trimodalen Modells (vgl. Abb. 4) besteht eine weitere Besonderheit des Multimodalen Interviews in der Kombination von strukturierten und unstrukturierten Interviewkomponenten. Diese gewährleisten einerseits eine angenehme Gesprächsführung und hohe Akzeptanz bei Verwendern und Kandidaten, andererseits hohe psychometrische Qualität in Bezug auf Reliabilität und Validität.

Die Entwicklung eines Multimodalen Interviews erfolgt stets anforderungsbezogen, was sich in der Auswertung von Arbeitsplatzbeschreibungen, in der Erhebung von Critical Incidents (Flanagan, 1954) sowie nach Möglichkeit in einer quantitativen Anforderungsanalyse (Schuler, 2002) niederschlägt. Die Interviewer erhalten vorab ein Training, in der Regel im Umfang von einem halben bis einem Tag, um mit dem Hintergrund des Verfahrens sowie der Handhabung des Interviewleitfadens vertraut zu werden. Dabei stehen das Stellen von freien und strukturierten Fragen und die Bewertung der Antworten im Mittelpunkt. Basierend auf den Beurteilungen während des Interviews ist die quantitative Berechnung eines Gesamtwerts im Interview möglich, der – normiert an den Gesamtwerten anderer Kandidaten – unmittelbar in eine Entscheidungsempfehlung überführt werden kann. Darüber hinaus stehen Detailauswertungen zu den Anforderungsdimensionen sowie zu den Komponenten zur Verfügung.

Langfristig werden an das Interview dieselben psychometrischen Anforderungen gestellt wie an andere Instrumente der Personalauswahl, was sich

An die Entwicklung des Multimodalen Interviews werden dieselben Anforderungen gestellt wie an psychometrische Testverfahren

beispielsweise in Itemanalysen, Normierungen, Untersuchungen von Gruppenunterschieden sowie Studien zur prädiktiven Validität und zur Konstruktvalidität widerspiegelt.

Eine Reihe von Studien hat die psychometrischen Eigenschaften des Multimodalen Interviews überprüft. Mussel (2007a) berichtet über 25 Koeffizienten im Mittel hohe interne Konsistenz (Cronbachs $\alpha = .88$) und Interraterreliabilität ($r = .83$). Die Retest-Reliabilität lag über fünf Studien bei .42 und damit etwas unter dem von Conway et al. (1995) für strukturierte Interviews angegebene Werte von .53. Dies lässt sich hauptsächlich darauf zurückführen, dass es sich in den untersuchten Studien nicht um parallele Interviews, sondern um Interviews für unterschiedliche Positionen handelte, die von denselben Kandidaten in teilweise großem Abstand durchgeführt wurden.

Bezüglich der kriterienbezogenen Validität fanden Schuler, Moser und Funke (1995) für ein Multimodales Interview, das zur Auswahl von Auszubildenden eingesetzt wurde, bedeutsame Zusammenhänge mit einer Vorgesetztenbeurteilung während (.23) und am Ende der Ausbildung (.15), darüber hinaus konnte das am Ende der Ausbildung eingeschätzte Potenzial für Kundenberatung (.27) und Stabsaufgaben (.18) vorhergesagt werden. Entgegen bisherigen Befunden zur Prognosekraft von Interviews für Ausbildungsleistung (Trost, 1986) zeigte das Multimodale Interview auch zu den IHK-Noten bedeutsame Zusammenhänge (.21). Hohe prognostische Validität beruflichen Erfolgs zeigt sich in der Metaanalyse von Mussel (2007a). Gemittelt über neun Koeffizienten fanden sich Zusammenhänge von .36 mit beruflichem Erfolg. Darüber hinaus wird basierend auf einer Studie eine Validität von .27 auf Ausbildungserfolg berichtet. Hingegen zeigte sich kein Zusammenhang zu Fluktuation.

Das Multimodale Interview wurde in einer Vielzahl von Studien validiert

Die Prognose von Schul- und Studienleistungen wurde in einer Studie von Schuler (1994) untersucht. Für ein an 53 Studenten durchgeführtes Multimodales Interview, das spezifisch auf die Erfassung von Leistungsmotivation ausgerichtet war, zeigten sich Zusammenhänge von .48 mit dem Abitur und von .39 mit der Vordiplomnote (unkorrigierte Werte). In weiteren Studien fanden sich Zusammenhänge von .57 zwischen einem Multimodalen Interview und der Einschätzung allgemeinen Managementpotenzials für Expatriates sowie von .50 mit Verkaufszahlen von Textilverkäufern.

Darüber hinaus erwies sich das Multimodale Interview in einer Untersuchung an 153 Ingenieuren aus dem Bereich Forschung und Entwicklung als prädiktiv valide (Schuler et al., 1995). Mit einer Vorgesetztenbeurteilung nach einem Jahr fanden sich Zusammenhänge von .31 (unkorrigiert), nach zwei Jahren sogar von .51 (was erneut auf die Dauer der Zusammenarbeit als bedeutsame Moderatorvariable von Vorgesetztenbeurteilungen hinweist). Das Multimodale Interview erwies sich in diesem Zusammenhang als der beste Prädiktor einer umfangreichen Potenzialanalyse.

Eine Studie zu Bewerberreaktionen wird bei Schuler (2002) berichtet. Dabei beurteilten 69 Bankmitarbeiter die Akzeptabilität von neun diagnostischen Instrumenten, darunter eine Gruppendiskussion, Kognitionsaufgaben, Filmszenen und ein Kundengespräch. Es zeigte sich, dass das Multimodale Interview gemeinsam mit einem Interessenfragebogen die höchsten Bewertungen erhielt, was auf die Kombination von strukturierten und unstrukturierten Gesprächsteilen zurückzuführen ist.

Das Multimodale Interview kann die Unzulänglichkeiten klassischer Auswahlgespräche sowie die Einseitigkeit publizierter strukturierter Interviewsysteme überwinden; die Fundierung im trimodalen Ansatz der Berufseignungsdiagnostik führt dabei zu einer breiten diagnostischen Basis. Darüber hinaus stellt die Kombination von strukturierten und unstrukturierten Elementen einerseits die Akzeptanz auf Seiten der Anwender und Bewerber sicher und garantiert andererseits hohe psychometrische Qualität.

4 Vorgehen

4.1 Anforderungsanalyse

Bei jeder berufsbezogenen Auswahl- oder Zuordnungsentscheidung lautet eine der beiden Grundfragen: Worin bestehen die Anforderungen der Tätigkeit, Position oder Laufbahn, welche Aufgaben sind zu erfüllen, worin bestehen Anspruch und Schwierigkeit? Die zweite Grundfrage ist die nach den berufsrelevanten Merkmalen der Person, nach ihren Stärken und Schwächen, Begrenzungen und Entwicklungsmöglichkeiten. Zielsetzung ist dann eine optimierende Zuordnung von Person und Aufgaben in Hinblick auf Berufserfolg (Leistung, Zufriedenheit, Gesundheit, Selbstverwirklichung etc.).

Jede Personalauswahl setzt die Kenntnis der Tätigkeitsanforderungen voraus

Im Falle des Einstellungsinterviews besteht das gleiche Erfordernis, die Anforderungen zu kennen, wie beim Einsatz von Tests oder anderen psychometrisch ausgearbeiteten Instrumenten, auch wenn dies beim Auswahlgespräch weniger offensichtlich sein mag, weil das Verfahren in den Augen vieler Verwender eher der intuitiven Beurteilung nahesteht als einem kontrollierten Vorgehen. Nachdem aber die Validität von Einstellungsinterviews allenfalls bei hochstrukturierten Verfahrenstypen geprüft wird, nicht aber bei den ad hoc durchgeführten Gesprächen, gilt das Erfordernis, die Anforderungen gut zu kennen, hierfür sogar in ganz besonderem Maße. Dadurch kann zumindest inhaltsbezogene Validität als (vorläufiger) Ersatz der prognostischen Validität erreicht werden. Wie verschiedene Studien belegen (z. B. Tett, Jackson & Rothstein, 1991), ist bei der Durchführung einer Anforderungsanalyse mit höherer Validität des resultierenden Auswahlverfahrens zu rechnen. Auch ist ein arbeitsrechtlicher Nachweis, dass die Bewerberauswahl nach rational belegbaren Gesichtspunkten erfolgt und nicht allein gemäß persönlicher Sympathie oder gar nach gruppendiskriminierenden Merkmalen, leichter oder eigentlich sogar nur dann zu erbringen, wenn man sich einer sachgerechten Anforderungsanalyse bedient.

Drei Vorgehensweisen zur Anforderungsanalyse

Drei Methoden bei der Anforderungsanalyse

Als grundsätzliche Vorgehensweise der Anforderungsanalyse lassen sich drei Varianten unterscheiden (Eckardt & Schuler, 1992):

- *Die erfahrungsgeleitet-intuitive Methode,* wie sie auf der Grundlage umfangreicher vergleichender Erfahrungen vielfach von Berufsberatern der Arbeitsagentur verwendet wird. Bei geringerer Erfahrung und sich rasch verändernden Anforderungen ist diese Vorgehensweise unzureichend.

- *Die arbeitsplatzanalytisch-empirische Methode:* Hierbei werden berufliche Tätigkeiten mittels formalisierter Vorgehensweise (z. B. Fragebogen) an konkreten Arbeitsplätzen untersucht. Diese Vorgehensweise hat sich für die meisten Fälle als Methode der Wahl herausgestellt. Deshalb werden wir uns mit ihr im Folgenden näher befassen.
- *Die personbezogen-empirische Methode,* bei der die Anforderungen über die statistischen Zusammenhänge zwischen den Merkmalen der in einem Beruf tätigen Personen und dem Maß ihres beruflichen Erfolgs (Leistung, Zufriedenheit etc.) ermittelt werden. Diese Methode ist brauchbar, soweit es sich um stabile Eigenschaften handelt, sie findet allerdings dort ihre Grenzen, wo Merkmale erst als Folge der Berufstätigkeit zustande gekommen sind (z. B. Fertigkeiten und Kenntnisse).

Die Auswahl an möglichen Analyseverfahren ist groß

Es steht eine große Zahl von Verfahren zur Anforderungsanalyse zur Verfügung, wobei der größere Teil allerdings eher für arbeitspsychologische Zwecke (vor allem zur Arbeitsplatzgestaltung) konstruiert wurde als zur Personalauswahl oder Berufsberatung. Wichtig ist bei der Auswahl eines Analyseverfahrens, welche Zielsetzung man vor Augen hat. Ebenso wichtig ist es, die „Beschreibungsebenen" zu unterscheiden, auf denen man arbeitet. Tabelle 7 verdeutlicht das Prinzip. Arbeitet man z. B. mit der personbezogen-empirischen Methode und bestimmt Eigenschaftsunterschiede zwischen erfolgreichen und weniger erfolgreichen Mitarbeitern, so lässt sich auf dieser Basis insbesondere die Diagnose von eigenschaftsorientierten Verfahren wie Tests oder Eigenschaftseinschätzungen erfahrener Interviewer gestalten. Auch die arbeitsplatzanalytisch-empirische Methode ist geeignet, Eigenschaftsanforderungen aufzudecken; besonders häufig liefert sie allerdings Verhaltensanforderungen, die eignungsdiagnostisch z. B. als Arbeitsproben, im Interview vor allem in Form situativer Fragen umgesetzt werden können. Aufgaben- und Ergebnisanforderungen schließlich, die „objektive" Tätigkeitselemente zum Gegenstand haben, sind im Auswahlgespräch gut mittels biografiebezogener Fragen (bisherige Leistungen) oder Kenntnisfragen umzusetzen.

Tabelle 7:
Beschreibungsebenen personalpsychologischer Instrumente (aus Schuler, 2014, S. 71)

Arbeits- und Anforderungsanalyse	Eignungsdiagnostische Verfahren/ Personalauswahl	Maßnahmen der Personalentwicklung	Leistungskriterien
Aufgaben-, Ergebnis- und Qualifikationsanforderungen	Kenntnisprüfungen, Noten, Biografie, fachliche Qualifikation und Erfahrung	wissensorientierte Verfahren, Bildung, fachliche Qualifizierung, Instruktionen	Ergebniskriterien, z. B. Verkaufszahlen, Qualitätsindikatoren, Zielerfüllungsgrad

Tabelle 7:
Fortsetzung

Arbeits- und Anforderungs-analyse	Eignungsdiagnos-tische Verfahren/ Personalauswahl	Maßnahmen der Personal-entwicklung	Leistungs-kriterien
Verhaltens-anforderungen, z. B. Fertigkeiten, Gewohnheiten, Handlungsregula-tion	Arbeitsproben, Simulationen, Fertigkeitsprüfungen	verhaltensorien-tierte Verfahren, stellenbezogene Entwicklung, Coaching, Verhal-tensmodellierung	Verhaltenskrite-rien, z. B. Ge-sprächsführung, Informationsweiter-gabe, Marktbeob-achtung
Eigenschaftsan-forderungen, z. B. Fähigkeiten, Tem-peramentsmerk-male, Interessen	Tests, Potenzialana-lyse, Selbst- und Fremdeinschätzung	Persönlichkeits-entwicklung, Sozia-lisation, Lernen am Vorbild	Eigenschafts-kriterien, z. B. Kontaktfähigkeit, Belastbarkeit, Leis-tungsbereitschaft

Man kombiniert am besten verschiedenartige Verfahren

Zweckmäßig im Sinne des Prinzips der Multimodalität (vgl. auch Abb. 4) kann es sein, mehrere unterschiedliche Verfahren einzusetzen, um dann die Ergebnisse zu kombinieren. Noch besser ist es, die Verfahrensteile einer multiplen Anforderungsanalyse sequenziell aufeinander aufzubauen. Dabei kann man z. B. im ersten Schritt Stellenbeschreibungen und anderes schriftliches Informationsmaterial auswerten, dann Experteninterviews durchführen, erfolgskritisches Verhalten beschreiben lassen (wobei hierfür eine große Zahl von Verhaltensbeschreibungen erforderlich ist), um nach deren Auswertung in einem zweiten Schritt ein quantitatives Verfahren auszuarbeiten. Dessen Ergebnisse erlauben die Ermittlung psychometrisch abgrenzbarer Anforderungsdimensionen sowie von Bedeutsamkeitsgewichten.

In Tabelle 8 ist eine solche Verfahrensweise systematisch dargestellt. Ein Bericht über eine praktische Vorgehensweise und deren Ergebnisse findet sich in Kapitel 5 dieses Bandes.

Tabelle 8:
Beispielablauf für eine Anforderungsanalyse (aus Schuler, 2002, S. 135)

Quali-tative Phase	1. Auswertung schriftlicher Materialien wie Stellenbeschreibungen, Führungsrichtlinien, Arbeitsamtinformationen u. Ä. 2. Bei neuartigen Tätigkeiten Sammlung von Information aus verwandten Berufen 3. Interview mit Experten (nach Interviewleitfaden) 4. Extremgruppenanalysen (erfolgreiche vs. erfolglose Stelleninhaber) 5. Sammlung erfolgskritischer Verhaltensbeispiele (Critical Incidents; evtl. im Rahmen von Workshops)

Tabelle 8:
Fortsetzung

Über-gang	6. Auswertung der qualitativen Analysen und Zusammenstellung der Anforderungen zu einer Vorversion des quantitativen Verfahrens 7. Überprüfung der ersten Verfahrensversion durch Experten und Auftraggeber
Quanti-tative Phase	8. Ausarbeitung der Endversion des quantitativen Analyseverfahrens 9. Bearbeitung des Fragebogens durch Vorgesetzte und erfahrene Arbeitsplatzinhaber 10. Auswertung 10.1. Faktorenanalyse 10.2. Bedeutsamkeitsstatistik (evtl. gesondert für Unternehmensbereiche) 10.3. Bildung von Anforderungsdimensionen

Es stehen ergiebige Quellen zu Tätigkeitsanforderungen zur Verfügung

Als ergiebige Quelle, um Tätigkeitsanforderungen festzustellen, hat sich das *Occupational Information Network* (O*Net) erwiesen, das mit Unterstützung des US Department of Labor zustande gekommen ist (Peterson, Mumford, Borman, Jeanneret & Fleishman, 1999). O*Net stellt „Taxonomien" (weitgehend erschöpfende, hierarchisch geordnete Auflistungen) berufs- und tätigkeitsbezogener „Deskriptoren" (Beschreibungsbegriffe) zur Verfügung; sie sind in sechs Klassen gegliedert:

- Berufscharakteristika (z. B. Zukunftsaussichten),
- Personmerkmale (z. B. Fähigkeiten),
- personbezogene Anforderungen (z. B. Vorbildung),
- erfahrungsbezogene Anforderungen (z. B. Training),
- berufliche Anforderungen (z. B. Arbeitskontext),
- tätigkeitsspezifische Anforderungen (z. B. Fertigkeiten).

Die Vielfalt der Deskriptoren soll dazu dienen, „multiple Fenster" auf die Welt der Arbeit verfügbar zu machen (Peterson et al., 1999, S. 455), und Verwendern ermöglichen, mit genau den Kategorien zu arbeiten, die für ihre Zielsetzung besonders angemessen sind.

Eine gleichermaßen wertvolle Informationsbasis für Anforderungen in einer großen Anzahl von Berufen stellt die Bundesagentur für Arbeit mit dem *BerufeNet* zur Verfügung. Die Anforderungen werden dort nach Interessen, Fähigkeiten, Kenntnissen und Fertigkeiten sowie Arbeits- und Sozialverhalten gegliedert (berufenet.arbeitsagentur.de). Nützliche Hilfestellung zur eigenen Durchführung einer Anforderungsanalyse findet sich bei Koch und Westhoff (2012).

Kein Ersatz für eine fundierte Anforderungsanalyse stellt demgegenüber die gewöhnlich dilettantische Zusammenstellung eines „Kompetenzmodells" durch die Führungskräfte einer Organisation dar. Diese „Modelle" genügen in so gut wie keinem Fall den psychometrischen Anforderungen Reliabilität und Validität, die auch an diese Instrumente zu stellen sind – zumal sie ja die Grundlage der darauf aufbauenden eignungsdiagnostischen Verfahren bilden. Um Ihre Vorgesetzten oder Auftraggeber davon zu überzeugen, dass es lohnenswert ist, eine qualifizierte Anforderungsanalyse durchzuführen, kann der Hinweis hilfreich sein, dass sie als Grundlage nicht nur der Personalauswahl, sondern auch der Leistungsbeurteilung und Personalentwicklung sowie für Maßnahmen der Arbeitsgestaltung dienen kann.

4.2 Fragentypen und Entwicklung von Interviewfragen

Es wird eine Vielzahl von Büchern und Broschüren angeboten, die Auswählende mit Empfehlungen versorgen, welche Fragen sie in Einstellungsinterviews stellen sollen. Der Nutzen dieser Literatur liegt darin, dass sie manchen Interviewer auf Ideen bringen kann, die er selbst nicht hatte, und ihm dadurch ermöglicht, zusätzliche Fragen zu gewinnen oder auch seine gewohnten Fragen auf geschicktere Weise zu stellen.

Es ist wichtig, die „richtigen" – d. h. die diagnostisch ergiebigen – Fragen zu stellen. Ebenso wichtig ist es aber auch, zu wissen, was man mit den Antworten anfangen soll.

Man muss nicht nur gute Fragen stellen, sondern auch wissen, was man mit den Antworten anfängt

Was diese Ratgeber in aller Regel versäumen, ist, den Interviewern zu sagen, was sie mit den Antworten auf ihre Fragen machen sollen. Hinter den Empfehlungen steht offenbar die Annahme, dass die intuitive Verwertung der jeweiligen Antwort und ebenso die optimale Kombination der Eindrücke aus allen Antworten zu einem angemessenen Bild vom Kandidaten und zu einer validen Entscheidungsfindung führen. Genau das kann die Forschung nicht bestätigen. Diese Art der Informationssammlung mittels aneinandergereihter Fragen mit ungewissem Anforderungsbezug, fehlender Auswertungshilfe und unzulänglicher Gesamtsystematik unterstützt vielmehr die vorschnelle, sympathieabhängige Bildung eines ersten Eindrucks und führt zu wenig objektiven (zwischen den Bewerbern vergleichbaren) und validen (prognosetauglichen) Urteilen. Mit größerer Sicherheit, als dies für die meisten anderen Forschungsergebnisse in der Eignungsdiagnostik zutrifft, konnte nachgewiesen werden, dass strukturierte Vorgehensweisen in Form von Interviewsystemen zu besseren Ergebnissen führen als intuitiv gesteuerte Gesprächsformen (vgl. Abschnitt 1.6).

Wie sollten Interviewfragen gestaltet sein?

Gleichwohl werden im Folgenden neben Fragentypen für strukturierte Interviewsysteme auch verschiedene andere Arten von Interviewfragen vorgestellt, und zwar aus zwei Gründen: Erstens soll jenen Anwendern, die sich gegen ein hochstrukturiertes System entscheiden, Unterstützung geboten werden, ihre Auswahlgespräche durch bewussten Einsatz von Gesprächselementen anzureichern. (Hierzu zählt auch die große Gruppe der Bewerber, denen ja die Möglichkeit, ihrerseits Interviewsysteme einzusetzen, gar nicht offensteht.) Zweitens spricht einiges dafür (vgl. z. B. Moscoso, 2000), dass ein Interviewsystem, das standardisierte und freie Gesprächselemente enthält, einem vollständig festgelegten Verfahren in seiner Validität zumindest ebenbürtig, hinsichtlich seiner Akzeptabilität aber überlegen ist. Für alle Fragen gilt selbstverständlich, dass sie klar und verständlich, nicht zu lang, dem Sprachniveau entsprechend, rechtmäßig und sozial akzeptabel sowie in der Sache relevant sein sollen.

Offene Fragen

Ausgangspunkt vieler Gespräche sind offene Fragen, denen die Funktion zukommt, die Unterhaltung in Gang zu setzen und den Gesprächspartner zum Reden zu bringen. Ihr Charakteristikum ist, dass sie nicht einfach mit „ja" oder „nein" zu beantworten sind, sondern vielmehr eine relativ ausführliche Antwort erfordern. Viele dieser Fragen beginnen mit dem Buchstaben „W", weshalb sie auch „W-Fragen" genannt werden.

Beispiele für offene Fragen sind:
- Welches waren für Sie die Gründe, sich für diesen Beruf zu entscheiden?
- Was denken Sie über die aktuelle Diskussion zu Online-Bestellungen?
- Welche Erfahrungen haben Sie mit aktiver Kundenansprache gemacht?

Geschlossene Fragen

Der Zweck geschlossener Fragen besteht gewöhnlich darin, bestimmte Informationen zu erhalten. Sie eignen sich deshalb gut zu gezielter Abfrage, bergen allerdings die Gefahr, dass das Gespräch einen „Abfragecharakter" bekommt. Wenn es diagnostisch relevant ist, ob ein Bewerber sich auf „maulfaule" Weise mit „Ja"- und „Nein"-Antworten begnügt oder aber in der Lage ist, von der vorgegebenen einengenden Struktur abzuweichen (wie es beispielweise für Politiker typisch und in kommunikationsintensiven Berufen günstig ist), können geschlossene Fragen zusätzlich interessante Ergebnisse liefern.

Beispiele für geschlossene Fragen sind:
- Wäre ein solches Vorgehen in Ihrem Sinne?
- Haben Sie so etwas auch schon einmal erlebt?
- Können Sie mit solchen Personen umgehen?

Mehrfach- oder Kettenfragen

Einer der häufigsten Fehler besteht darin, einem Gesprächspartner zwei oder noch mehr Fragen auf einmal zu stellen. Dies hat oft den Effekt, dass nach der Beantwortung einer der Fragen die anderen in Vergessenheit geraten. Der Gesprächspartner hat sogar die Möglichkeit, die für ihn einfachere oder günstigere Frage auszuwählen, um anderen auszuweichen.

Beispiele für Mehrfach- oder Kettenfragen sind:
- Was interessiert Sie am Beruf des Anlagenelektronikers besonders, und wie haben Sie sich über diesen Beruf informiert?
- Arbeiten Sie gerne in Teams, bevorzugen Sie dabei bestimmte Teammitglieder, und wie gehen Sie vor, wenn Unstimmigkeiten in der Gruppe auftauchen?
- Welches ist Ihre Art, mit Kunden umzugehen, und wie verhalten Sie sich gegenüber unschlüssigen Kunden?

Es gibt Ausnahmesituationen, in denen es angemessen ist, Mehrfachfragen zu stellen, und zwar dann, wenn diese Fragen insgesamt einen Komplex bilden, eine sinnvolle Einheit. Ein Musterbeispiel hierfür ist die Aufforderung, einen kurzen Abriss über den Werdegang und die Berufserfahrung zu geben, wie das im Rahmen der Selbstvorstellung im Multimodalen Interview (vgl. Abschnitt 3.4) praktiziert wird.

Suggestivfragen

Was werden Bewerber wohl antworten, denen man folgende Fragen im Einstellungsinterview stellt?
- Halten Sie sich für teamfähig?
- Erwarten Sie auch, dass unsere Branche gute Zukunftsaussichten hat?

Eben. Die Antworten liefern voraussichtlich keine Information außer der, ob der Bewerber erkennt, was von ihm erwartet wird, und ob er bereit ist, dieser Erwartung zu entsprechen.

Durch geschickte Fragenformulierung kann man auch Dinge erfahren, die einem sonst verborgen bleiben

Raffinierter eingesetzt, können Bewerber durch Suggestivfragen aus der Reserve gelockt und etwa dazu gebracht werden, unintegeres Verhalten zuzugeben oder unerwünschte Werthaltungen zu äußern:
- Als Verkäufer muss man ja manchmal alle fünfe grade sein lassen. Dazu haben Sie doch sicher auch Beispiele aus Ihrer eigenen Erfahrung!?
- Unter Ihren Mitarbeiterinnen gab es doch sicher auch solche, die zwar eine Führungsposition angestrebt haben, aber dafür wenig tun wollten.

Die Crux solcher Fragen ist allerdings ihre ethische Fragwürdigkeit. Auch läuft man Gefahr, damit Einstellungen zu signalisieren, die für das Unternehmen gar nicht maßgeblich sind.

Zweiseitige oder Alternativenfragen

Gute Verkäufer sind dafür bekannt, nicht zu fragen: „Wann haben Sie denn Zeit für ein Gespräch über unser Produkt?“, sondern: „Ist Ihnen der Mittwoch oder der Donnerstag angenehmer?“ Der Zweck ist offensichtlich: Der Freiheitsspielraum soll eingeengt werden, und dieses Ziel wird mit der Alternativenfrage häufig erreicht. Auch im Einstellungsinterview kann dieser Fragentyp ergiebig sein, und zwar besonders dann, wenn der Suggestionscharakter einer einseitigen Frage vermieden werden soll. Zuvor wurde die Frage „Halten Sie sich für teamfähig?“ als ungünstige Suggestivfrage bezeichnet. Ganz anders sieht der Fall aus, wenn man ihr eine ebenso attraktive Alternative an die Seite stellt:

- Arbeiten Sie gern im Team oder sind Sie kreativer, wenn Sie allein und ungestört Ihre Aufgaben erledigen?
- Lagen Ihre Stärken bei Prüfungen eher in den mündlichen oder in den schriftlichen Leistungen?
- Ziehen Sie es vor, sich bei bekannten Aufgaben zu perfektionieren oder sich öfter an neuen Aufgaben zu versuchen?

Auswahlfragen

Zweiseitige Fragen sind eine erweiterte Form der geschlossenen Fragen. Eine offene Alternative hierzu bieten die Auswahlfragen. Sie lassen sich speziell dann einsetzen, wenn nicht sichergestellt ist, dass dem Befragten unmittelbar klar ist, welche Art von Antwort von ihm erwartet wird, oder wenn man den Eindruck hat, seinen Einfällen erst auf die Sprünge helfen zu müssen.

Beispiele für Auswahlfragen sind:

- Was ist für Sie das Wichtigste an einer Berufstätigkeit – die Bezahlung, die Zusammenarbeit, die interessante Aufgabe – oder was?
- Womit waren Sie am erfolgreichsten – mit der Bearbeitung von Details, mit der Lösung von Organisationsproblemen, in der Zusammenarbeit mit anderen – oder womit?

Auswahlfragen können jemandem helfen, Äußerungsschwellen zu überwinden, sie bergen allerdings auch die Gefahr, suggestiv zu wirken.

Kenntnisfragen

Soweit die erwünschten Fachkenntnisse nicht aus der Berufsbildung, dem Studienabschluss, den Arbeitszeugnissen etc. zu entnehmen sind, bietet das Einstellungsinterview eine Gelegenheit, sich der Kenntnisse eines Bewer-

Um die Antworten auf Kenntnisfragen zu bewerten, muss man selbst etwas von der Sache verstehen

bers zu vergewissern. Insbesondere im Gespräch, das durch Fachvorgesetzte geführt wird, haben Kenntnisfragen ihren Platz, da dieser Personenkreis dafür sorgen kann, dass die Fragen den Tätigkeitsanforderungen entsprechen, und in der Lage ist, die Qualität der Antwort zu beurteilen.

Beispiele für Kenntnisfragen sind:
- Worin besteht die Erschwernis von Basel III für die Kreditwirtschaft?
- Wie oft müssen Bierleitungen gereinigt werden?
- Welche Anweisungen geben Sie Ihrem Arbeitsteam, das Telefonleitungen in einem Neubau zu verlegen hat?

Schwächenanalyse

Meistens ist es einfach, die Stärken eines Bewerbers zu erkennen, stellen doch schriftliche Bewerbung und Auswahlgespräch geradezu eine Aufforderung dar, sich von der Schokoladenseite zu präsentieren. Anders sieht die Sache bei den Schwächen oder Defiziten aus. Die meisten Bewerber sind bemüht, ihre Schwächen zu kaschieren (soweit sie sie selbst erkennen), und die Ungeschicklichkeit vieler Interviewer tut das ihre. „Was sehen Sie als Ihre größte Schwäche an?" lautet eine der Fragen, auf die gern Antworten gegeben werden wie „Ich bin ungeduldig mit Leuten, die langsamer denken als ich" oder „Ich tue mich schwer, nein zu sagen, wenn ich, wie so oft, um Rat und Unterstützung gebeten werde". Recht geschieht diesen Interviewern. Ergiebiger wäre die Frageform
- Welches Bild von Ihnen haben Ihre Bewunderer, welches Ihre Gegner? Die Nachfrage könnte lauten: Worin haben Ihre Kritiker Recht, worin Unrecht?

Heikel sind Fragen zur Selbstkritik

Die Schwächenanalyse wird vereinfacht, wenn man eine Anerkennung vorausschickt:
- Mir scheint, in diesem Bereich waren Sie wirklich erfolgreich. An welcher Stelle hat es denn weniger gut geklappt?

Man erleichtert dem Befragten die Selbstkritik auch, wenn man nicht von Schwächen, sondern von Verbesserungsmöglichkeiten spricht:
- Eine Ihrer besonderen Stärken scheint mir Ihr Umgang mit Mitarbeitern zu sein. Das ist für eine Führungskraft von besonderem Nutzen. Bei jedem von uns gibt es aber auch Bereiche, in denen er sich noch verbessern kann. Wo sehen Sie bei sich noch Verbesserungsmöglichkeiten?

Sequenzielle Fragetechnik und Konkretisierungsfragen

Möchte man im Einstellungsinterview einen Themenbereich abhandeln, empfiehlt es sich, zunächst mit einer offenen und breit gefassten Frage zu beginnen, um danach die Frage zu konkretisieren. Wichtig ist, nur eine Frage zu stellen, geduldig auf die Antwort zu warten und danach eine passende Nachfrage zu stellen:

Konkretisierungsfragen führen zu aufschlussreichen Antworten

Ein Beispiel für eine solche Sequenz könnte so aussehen:
- In welcher Richtung liegen Ihre fachlichen Interessen?
  (Antwort)
- Mit welchen Fächern haben Sie sich im Studium besonders beschäftigt?
  (Antwort)
- Welche der Finanzierungstheorien hat Sie besonders interessiert?
  (Antwort)
- Bei welchen praktischen Problemen sehen Sie Anwendungsmöglichkeiten dieser Theorie?

Freilich fordert es einiges Geschick auf Seiten des Interviewers, solche Fragen so zu stellen, dass der Bewerber den Eindruck hat, ein Fachgespräch zu führen und nicht ausgefragt oder gar in die Enge getrieben zu werden. Geht es um eigene Erfahrungen des Bewerbers, kann die abschließende Frage einer solchen Sequenz lauten:
- Schildern Sie mir bitte genau, wie Sie vorgegangen sind, um dieses Problem zu lösen.

Biografiebezogene Fragen

Fragen werden biografiebezogen oder biografisch genannt, wenn sie vergangene Verhaltensweisen und Ergebnisse, aber auch deren subjektive Verarbeitung zum Gegenstand haben. Wie bereits im Zusammenhang mit dem biografiebezogenen Interviewsystem „Behavior Description Interview“ vermerkt wurde, liegt diesem Frageprinzip die Annahme zugrunde, dass sich aus vergangenem Verhalten auf künftiges Verhalten schließen lässt. Im Einzelfall mag die Wahrscheinlichkeit der Verhaltenskonstanz unbekannt sein, für Kollektive lässt sie sich jedoch errechnen. Dabei hat sich herausgestellt, dass biografiebezogene Fragen zu den ergiebigsten Fragen gehören, die man im Interview stellen kann (Mussel, 2007a). Selbstverständlich geben biografiebezogene Fragen dann verlässlichere Auskunft, wenn bereits Berufserfahrung vorliegt, beispielweise:
- Wie sind Sie vorgegangen, wenn Sie ungewöhnlich große Inventurdifferenzen entdeckt haben?
- Was haben Sie unternommen, wenn Sie gemerkt haben, dass Sie einen zugesagten Termin nicht einhalten können?

Bei Berufsanfängern ist die biografiebezogene Vorgehensweise unsicherer, liefert aber oft auch hier brauchbare Informationen auf der Ebene des Analogieschlusses:

- In welchem Alter haben Sie zum ersten Mal etwas verkauft?
- Haben Sie schon einmal etwas für Ihren Freundeskreis organisiert?

Bei der Formulierung biografiebezogener Fragen kann man eine ganze Reihe der schon erörterten Fragentypen zu Anwendung bringen. Vor allem das Prinzip der Fragensequenz hat sich als ergiebig erwiesen, wobei man am besten mit einer offenen Frage beginnt und zunehmend spezifischere Fragen folgen lässt:

Konkretes Nachfragen und die Bitte um Beispiele führen zumeist auch zu ehrlicheren Antworten

- Welche Erfahrungen haben Sie mit Gruppenarbeit gemacht?
  (Antwort)
- Wie sind Sie beim letzten Mal vorgegangen, als ein Konflikt in der Gruppe entstanden ist?
  (Antwort)
- Zu welchem Ergebnis hat das geführt?

Um mittels biografischer Fragen die angestrebte Validität tatsächlich zu erzielen, ist es wichtig, bei ihrer Formulierung folgende Prinzipien zu berücksichtigen:
- vor allem aktivitäts- und leistungsbezogene Fragen stellen
- vor allem quantifizierbare, objektive Informationen sammeln
- Konkretisierungsfragen stellen, Beispiele erfragen
- eingetretene Ereignisse (im Gegensatz zu Vorhaben und Plänen) erfragen
- faktische Sachverhalte (im Gegensatz zu inneren Vorgängen) ermitteln
- tatsächliches Verhalten schildern lassen
- Verhaltensweisen und Vorkommnisse erfragen, die dem Zielverhalten (den Anforderungen) ähnlich sind
- bevorzugt nach Verhalten und Leistungen fragen, die in der jüngeren Vergangenheit liegen

Verhaltensdreieck

Eine Variante des biografiebezogenen Interviews besteht in der Schematisierung der Fragen zu einem sogenannten Verhaltensdreieck. Das Dreieck wird gebildet aus:
- Situation oder Aufgabe: Ausgangspunkt für die Handlungsweise des Bewerbers,
- Verhalten/Vorgehen: spezifische Handlung oder Maßnahme des Bewerbers,
- Ergebnis: durch das Vorgehen bewirkte Veränderung.

Im Rahmen der Nachfragen sollen auch Gründe für das gewählte Verhalten ermittelt werden. Die entspricht der üblichen Befragungspraxis bei unstrukturierten Interviews, widerspricht aber dem biografischen Prinzip, das nicht die Motive einer Handlung beachtet – und erst recht nicht deren Darstellung in einer Auswahlsituation –, sondern das Verhalten als solches.

Ein Frage- und Antwortbeispiel

Frage: In einem Team äußert nicht jeder seine besten Ideen. Haben Sie das auch schon erlebt?

Antwort: Freilich, das ist so üblich. Schließlich will keiner, dass man ihm seine besten Ideen wegschnappt.

Frage: Wie haben Sie sich verhalten, als Sie beim letzten Mal diesen Eindruck hatten?

Antwort: Ich muss sagen, da war ich es selbst, der seine gute Idee lieber für sich selbst behalten hat. In der Gruppe wurde nur rumgequatscht.

Frage: Zu welchem Ergebnis hat das geführt?

Antwort: Ich habe meine Idee gut ausgearbeitet und konnte damit bei meinen Vorgesetzten punkten.

Auch das Vorgehen gemäß dem Verhaltensdreieck entspricht teilweise den Prinzipien der Interviewstrukturierung, allerdings werden die Anforderungen nach dieser Methode nicht quantitativ-empirisch erfasst, es werden nicht jedem Kandidaten die gleichen Fragen gestellt, die Interviewer werden zu Nachfragen animiert, die subjektive Attributionen statt objektiver Sachverhalte zutage fördern, und den Interviewern werden keine Bewertungshilfen für die Beurteilung vorgegeben. Die Durchführung durch mehrere Interviewer ist aufgrund der unzulänglichen Objektivität (Beurteilungsübereinstimmung) erforderlich. Die Schematisierung durch das „Verhaltensdreieck" mag also als Gedankenstütze für den Interviewer dienen, aber führt nicht zu einer Strukturierung, welche die psychometrische Qualität des Interviews sichern könnte.

Situative Fragen

Prototypischer Repräsentant des Simulationsansatzes der Eignungsdiagnostik ist die Arbeitsprobe – dort werden wichtige Anforderungselemente einer beruflichen Tätigkeit „simuliert"; d. h., eine Möglichkeit geschaffen, die Ausführung unter kontrollierten Bedingungen zu beobachten und beurteilen. Nicht in allen Fällen ist es möglich oder gewünscht, die Tätigkeitsausführung in einer realitätsnahen Simulation zu beobachten, beispielsweise wenn es sich um komplexe Aufgaben handelt. In einem solchen Fall kann eine „mentale Tätigkeitssimulation" durchgeführt werden – eine situative Frage.

Situative Fragen ersparen aufwendige reale Tätigkeitssimulationen

Beispiele für situative Fragen sind:
- Sie arbeiten als Oberschwester auf der Kinderstation. Die für den Nachtdienst eingeteilte Schwester ruft sie an, dass sie nicht zum Dienst kommen kann, weil es ihrer Mutter, die sie pflegt, sehr schlecht geht. Was tun sie?
- Als Polizeibeamter auf Streife fällt Ihnen ein Pkw durch unsichere Fahrweise auf. Als Sie das Fahrzeug stoppen und mit der Kontrolle beginnen, stellt sich heraus, dass es sich bei dem Fahrer um den Sohn Ihres Kollegen handelt. Wie verhalten Sie sich?

An diesen Beispielen lässt sich erkennen, dass man über die Anforderungen gut informiert sein muss, um realitätsgerechte Fragen zu stellen. Deshalb werden an der Erarbeitung eines situativen Interviews gewöhnlich erfahrene Berufsausübende, deren Vorgesetzte und ggf. Ausbilder beteiligt. Als ergiebig hat sich die Sammlung von „kritischen Ereignissen" erwiesen, die sich in situative Fragen umformulieren lassen. Die Antwortbewertung kann objektiviert werden, wenn den Interviewern Beispiele für gute, mittlere und schlechte Antworten vorgegeben werden (vgl. das Beispiel auf S. 50).

Situative Fragen werden naheliegenderweise vor allem solchen Bewerbern gestellt, die bereits über Berufserfahrung verfügen. Erfahrung ist aber nicht zwangsläufig erforderlich, sie kann in vielen Fällen auch durch Intelligenz, Einfallsreichtum, Empathie oder „gesunden Menschenverstand" kompensiert werden. Das zeigt, dass mit situativen Fragen nicht spezifische Merkmale erfasst werden (wie es mit Verfahren, die dem eigenschafts- oder konstruktbezogenen Ansatz der Eignungsdiagnostik zugehören, möglich ist), sondern – wie bei Arbeitsproben – die Fähigkeit, eine bestimmte Situation zu bewältigen, welche Merkmale auch immer dahinterstehen mögen.

4.3 Ausarbeitung des Gesamtinterviews

Ein wichtiger grundlegender Schritt bei der Ausarbeitung eines Einstellungsinterviews wurde bereits erörtert: die Durchführung einer Anforderungsanalyse. Bei gründlicher Vorgehensweise wird man bemüht sein, sowohl Ergebnis- und Qualifikationsanforderungen als auch Verhaltens- und Eigenschaftsanforderungen (vgl. Tab. 7 auf S. 59f.) zu ermitteln.

Manche Fragenarten sind zur Erfassung bestimmter Anforderungen besser geeignet als andere

Bei der Auswahl der Fragentypen wird man feststellen, dass nicht alle Fragenarten gleichermaßen zur Erfassung bestimmter Anforderungsarten geeignet sind. Wie zuletzt erörtert, eignen sich beispielsweise situative Fragen nicht, um homogene Eigenschaften zu ermitteln, sondern passen zu situationsspezifischen Verhaltensanforderungen. Eigenschaften lassen sich besser aus Alternativen- und Auswahlfragen erschließen, ebenso mittels

Schwächenanalyse und sequenzieller Fragetechnik. Kenntnisfragen und auch biografische Fragen können Aufschluss über Qualifikationen geben.

Eine grundlegende Entscheidung ist, ob man sich im Interview auf einen einzelnen Fragentypus beschränkt oder verschiedene Fragenarten verwenden will. Viel Erfahrung liegt bereits mit biografischen und situativen Interviews vor; ein Typus, der aus mehreren Fragentypen und weiteren Elementen besteht, ist das Multimodale Interview (siehe Abschnitte 3.1 bis 3.4). Entscheidet man sich dafür, nicht ein Interview nach einer dieser Strukturen einzusetzen, sondern nach eigenem Gutdünken verschiedene Fragenarten einzubeziehen, so ermöglicht dies große Gestaltungsfreiheit. Für den Gesprächsablauf kann es den Vorteil haben, dass ein Thema – z. B. das Feld des Sozialverhaltens oder die fachliche Erfahrung – mit verschiedenen Arten von Fragen ausgelotet werden kann. Was ein solches Verfahren demgegenüber weniger ermöglicht, ist die Abschätzung der erzielbaren Validität, da für ad hoc gestaltete Verfahren natürlich keine präzisen Erfahrungsdaten vorliegen.

Worauf man auch bei selbst zusammengestellten Auswahlgesprächen nicht verzichten sollte, sind zwei Fragen, die man sich selbst stellt:
1. Welche Anforderung(en) will ich mit dieser Frage erfassen?
2. Wie bewerte ich die Antworten der Kandidaten?

Diese beiden Fragen helfen bei der Disziplinierung, die Gesprächszeit für die tatsächlich berufswichtigen Themen zu nutzen, und vermeiden, dass man sich erst anlässlich einer Antwort überlegt, wie man sie bewerten soll. Das kann zur Folge haben, dass die Fragen nach Geschwistern und sportlichen Hobbys ganz entfallen und die nach der Landsmannschaft in den Smalltalk des Begrüßungsteils verschoben wird. Soll heißen: Man legt sich schon bei der Interviewkonstruktion Rechenschaft ab, was weshalb wichtig ist und wie man die Antworten verwertet.

Die optimale intuitive Verwertung aller Einzeleindrücke im Interview gelingt nicht

Worauf man verzichten sollte, ist, sich darauf zu verlassen, dass man am Schluss des Gesprächs durch intuitive Kombination aller Einzelinformationen zu einem Gesamteindruck kommt, der einer kontrollierten Urteilsbildung ebenbürtig ist. Nicht nur ist unsere Informationsverarbeitungskapazität dazu nicht ausreichend, wir laufen auch Gefahr, von Anfang an den Interviewverlauf vom ersten Eindruck bestimmen zu lassen und u. a. sympathischen Bewerbern leichtere Fragen zu stellen als anderen. Das probateste Mittel dagegen ist, allen Bewerbern (zumindest großenteils) die gleichen Fragen zu stellen und ihre Antworten auf jede Frage (oder zumindest auf jeden Fragenblock) unmittelbar zu bewerten. Auch in diesem Fall sollte der Interviewer etwas von der Tätigkeit verstehen, aber man muss kein „geborener Menschenkenner“ sein oder sich für einen solchen halten. Das heißt in der Praxis, je besser vorbereitet und strukturierter das Einstellungsinterview ist, desto breiter kann der Personenkreis sein, dem man eine solche Aufgabe anvertraut.

Um die angemessene Schwierigkeit einer Frage zu ermitteln, ist es zweckmäßig (soweit man nicht ohnehin einen psychometrischen Weg der Itemkonstruktion geht), die Fragen an Personen auszuprobieren, die etwa den gleichen Qualifikationsstand wie die Bewerber haben. Am ergiebigsten sind Fragen dann, wenn sie mittlere Itemschwierigkeiten haben, wenn sich also eine breite Antwortstreuung von sehr gut bis sehr schlecht ergibt. (Eine Frage, die so einfach ist, dass jeder eine gute Antwort gibt, ist zur Beurteilung eines Kandidaten so wenig wert wie eine, die niemand beantworten kann. Solche Fragen sind nicht nur Zeitverschwendung, sondern bewirken zudem falsche Vorstellungen über die Tätigkeitsanforderungen.)

Was besonders von Mael (1991) für biografiebezogene Fragen betont wurde, ist für alle Fragen von Belang: Besonders wenn es gelingt, im Einstellungsinterview guten Kontakt und einen flüssigen, lebhaften Gesprächsverlauf zu erzielen, ist die Gefahr größer als bei schriftlicher Befragung, auch solche Fragen zu stellen, die in die persönliche Sphäre eindringen. Auch diesbezüglich ist die sorgfältige Vorbereitung des Interviews von Vorteil. Es sollten nur Fragen aufgenommen werden, welche die Privatsphäre schützen, und möglichst auch nur solche, die frühere Begebenheiten, Verhaltensweisen und Ergebnisse betreffen, die weitgehend selbst zu verantworten sind.

4.4 Interviewertraining

Es dauerte lange Zeit, bis sich die Erkenntnis durchgesetzt hat, dass strukturierte Interviews unsystematisch geführten Auswahlgesprächen überlegen sind. Vor einigen Jahrzehnten war zwar bereits zu erkennen (z. B. Mayfield, 1964), worin die Probleme freier Gespräche liegen, man wusste aber noch nicht wirksam Abhilfe zu schaffen. Stattdessen hat man sich bemüht, in Interviewtrainings die damals neuen Erkenntnisse zur sozialen Urteilsbildung zu vermitteln: Den Interviewern wurde erläutert, dass Menschen zu vorschnellen Urteilen neigen, nicht ausreichend zwischen verschiedenen Merkmalen differenzieren, von persönlicher Sympathie und Vorurteilen geleitet werden und manches mehr, wodurch noch weiterhin eine optimale Informationsaufnahme und -verwertung verhindert wird.

Diese Einsichten sind alle nicht falsch, aber sie in Predigtform zu kleiden und sich davon verbesserte Einstellungsentscheidungen zu erwarten, ist ungefähr so wirksam wie einem Kurzsichtigen die Gesetze der Optik zu erläutern oder einem Depressiven zu sagen: „Seien Sie doch einfach nicht so traurig“.

Das Führen von Einstellungsinterviews lässt sich gut trainieren

Was wirksam ist, ist vielmehr die Einübung eines systematischen Vorgehens, das seinerseits grobe Urteilsfehler vermeidet und dabei hilft, Informationen so zu sammeln und zu verwerten, dass einer angemessenen Entscheidungsfindung gedient ist. Hierzu gehören nicht nur das Stellen geeigneter Fragen und Verwerten der erhaltenen Antworten, sondern auch einige Verhaltensprinzipien, die im Folgenden kurz erörtert werden. Grundsätzlichere oder weitergehende Ausführungen finden sich in der Literatur zur Personalentwicklung (z. B. Kanning, 2014) und zu Mitarbeitergesprächen (z. B. Fiege, Muck & Schuler, 2014; Hossiep, Bittner & Berndt, 2008).

4.4.1 Trainingsziele und -prinzipien

Selbstverständlich kann man das Einüben einer (neuen) Form des Einstellungsinterviews auch als Element der Personalentwicklung betrachten und damit in einen allgemeinen Rahmen der Förderung persönlicher und fachlicher Kompetenzen stellen. Zielführender dürfte es aber in den meisten Fällen sein, den pragmatischen Charakter der Veranstaltung in den Vordergrund zu stellen, sie unter dem engeren Bezug der Personalauswahl zu sehen und damit den Teilnehmerkreis auf die Personen zu beschränken, die in absehbarer Zeit mit dieser Aufgabe betraut werden, und sich inhaltlich vor allem auf das Einüben dieser Technik zu konzentrieren.

Primäre Ziele eines Interviewtrainings

- Kenntnis und Verständnis des Interviewverfahrens
- Überzeugung der Interviewer vom Verfahren
- Erweiterung des Verhaltensrepertoires der Interviewer (beispielsweise Bewältigung besonderer Situationen)
- Einüben des Verfahrens bis zur selbstständigen Durchführung
- Sicherung gleicher Beurteilungsstandards
- Einüben von Informationsgewichtung und Entscheidungsfindung
- Maßnahmen der Transfersicherung und Wirkungsprüfung
- Implementierung des Interviewverfahrens (z. B. Einbettung in die Unternehmenskultur)
- Förderung eines gemeinsamen Verständnisses von Personalarbeit

Wichtig sind Kenntnis und Akzeptanz des Verfahrens, das Wichtigste seine kompetente Handhabung

Aufgrund der weitgehenden Beschränkung auf das Erlernen der Interviewtechnik sind sicher nicht alle der vielfältigen Prinzipien maßgeblich, die heute eine fortschrittliche Personalentwicklung kennzeichnen. Einige Verfahrensweisen, die sich als generell förderlich für das Gelingen von Lernprozessen erwiesen haben, sind gleichwohl auch hier zu beachten:

Praktische Übungen. Wichtigstes Ziel des Trainings ist die praktische Beherrschung der Interviewtechnik. Der wirksamste Zugang hierzu ist das praktische Einüben des Interviewprozesses, d. h. das Führen von Übungsgesprächen inklusive der Vor- und Nachbereitung, das Stellen von Fragen, das Entgegennehmen und Bewerten von Antworten (auch im Vergleich mit den Bewertungen anderer Teilnehmer), das Vornehmen von Notizen sowie die Bewältigung typischer schwieriger Situationen. Praktische Übungen beschränken die Zahl der Trainingsteilnehmer auf etwa 10 bis 12 Personen.

Methodenvielfalt. Lernen über mehrere Wege und über verschiedene Methoden vermeidet Einseitigkeiten im Verständnis des Lernstoffs und erhöht die Generalisierbarkeit der erworbenen Fertigkeiten auf unterschiedliche Situationen. Im Interviewertraining ist dabei vor allem an mündliche und schriftliche Instruktion zu denken, Filmvorführungen und eigene Filmaufnahmen, Gesprächsbeobachtung wie eigene Gesprächsführung etc.

Partizipation. In Trainings- und Übungssituationen wie in praktisch allen Aktivitäten der Personal- und Organisationsentwicklung hat sich die Partizipation der Teilnehmer als förderlich erwiesen. Sie unterstützt das Lernen, fördert die Akzeptanz des Gelernten und hilft bei der anschließenden Umsetzung in den Arbeitsalltag. Gegenstand der Partizipation in Interviewertrainings können die Planung, Vorbereitung, Organisation sowie während der Teilnahme Diskussionen und alle anderen Arten aktiver Beteiligung und Steuerung des Trainings sein. Die Möglichkeit zur Partizipation wird durch gründliche und offene Vorinformation erhöht, gleichzeitig können dadurch Vorbehalte abgebaut werden.

Wiederholung. Wie bei jedem Lernvorgang wird auch im Interviewertraining das Behalten des Lernstoffs durch Wiederholung verbessert. Besonders wirksam sind Wiederholungen in Form von Auffrischungstrainings etwa ein halbes Jahr nachdem die Teilnehmer erstmals Gelegenheit hatten, ihre neu erworbenen Fähigkeiten in der Praxis zu erproben.

Kontinuierliches Feedback ist im Training unentbehrlich

Feedback. Die Leistungsforschung hat gezeigt, dass Feedback – insbesondere in Verbindung mit Zielsetzung – zu den wirksamsten Methoden der Verhaltenssteuerung gehört (Schmidt & Kleinbeck, 2004). Beim Erwerb einer neuen, dermaßen komplexen Fertigkeit wie dem Führen von Einstellungsinterviews ist kontinuierliches Feedback unentbehrlich. Das ist auch insofern besonders bedeutsam, als Interviewer in der Praxis zu wenig Feedback über die Zweckmäßigkeit ihres Vorgehens bekommen. Über ihre „Fehler 2. Art“, geeignete Kandidaten abzulehnen, bekommen sie keine Rückmeldung. Das Feedback im Training kommt teilweise vom Trainer, aber ergänzend auch von anderen Gesprächsteilnehmern und nicht zuletzt von den Gesprächspartnern in Rollenspielen. In diesem Kontext hat es den Vorteil, verhaltensbezogen zu sein, was seine Wirksamkeit begünstigt. Weiterhin sollte Feedback konkret und sachlich, unmissverständlich, wohlwollend und wohldosiert sein.

Transfersicherung. Von einer Vielzahl förderlicher oder hemmender Einflussgrößen hängt es ab, ob der Transfer des Gelernten von der Trainingssituation in den Arbeitsalltag gelingt (Rowold, Hochholdinger & Schaper, 2008). Ergänzend zu den bereits genannten Prinzipien haben sich als förderlich erwiesen:

- Unterstützung durch das soziale Umfeld, vor allem die Vorgesetzten;
- transferförderliches Organisationsklima: Grundsätze, Erwartungen, Werthaltungen, wie sie sich beispielsweise in Führungsleitlinien niederschlagen;

- hohe Erwartungen der Teilnehmer an das Training selbst und explizite Zielsetzung, das Gelernte bald anzuwenden;
- hohe Lern- und Trainingsmotivation sowie Zuversicht, das Interview erfolgreich durchzuführen („Selbstwirksamkeit“);
- Formulierung von Verhaltenszielen, evtl. auch Ergebniszielen mit klaren Verhaltensanweisungen und Erfolgsindikatoren;
- Realitätsnähe der Übungen, z. B. Interviews anhand des auch später einzusetzenden Gesprächsleitfadens;
- Vermittlung eines auch theoretischen Verständnisses durch Erläuterung von Prinzipien und Vorgehensweisen der Interviewmethodik schafft einen Wissenshintergrund, der später auch kontextunabhängig eingesetzt werden kann;
- Interviews mit echten Bewerbern oder zumindest mit Personen, die der Gruppe der Bewerber nahekommen (Praktikanten, Auszubildende, kürzlich eingestellte Mitarbeiter);
- die Gelegenheit, im Trainingskontext Fehler zu machen, die korrigiert werden können, stabilisiert das Gelernte und erhöht seine Generalisierbarkeit;
- Herausarbeiten von „Schlüsselverhaltensweisen“ und „Lernpunkten“, die es später erleichtern, die wichtigen Elemente im Interviewablauf wiederzuerkennen;
- baldige Durchführung von Interviews in der Praxis;
- Durchführung der ersten Gespräche in der Praxis durch zwei Interviewer, die sich nach jedem Interview abstimmen und gegenseitig Feedback geben;
- Berichtspflicht nach einer vereinbarten Anwendungszahl, am besten im Rahmen einer Trainingsauffrischung nach einigen Monaten.

Das Gelernte sollte rasch in der Praxis angewandt werden

Transfer vom Training in die Praxis kann selbstverständlich nur in dem Maße stattfinden, in dem in der Lernsituation tatsächlich diejenigen Fertigkeiten erworben wurden, die im Alltag von Bedeutung sind. Um dies festzustellen, kann zum Abschluss des Trainings eine – theoretische wie praktische – Prüfung veranstaltet werden. Sie hat gleichzeitig die Funktion des Ansporns zum Lernen und gibt Teilnehmern wie Trainern Feedback über den ersten Erfolg der Maßnahmen. Für methodisch weitergehende Methoden der Trainingsevaluation muss auf Rowold et al. (2008) verwiesen werden.

4.4.2 Trainingsbausteine und Übungen

„Verhaltensmodellierung“ hat sich als wirksame Trainingsmethode erwiesen

Im Rahmen der Personalentwicklung hat sich die „Verhaltensmodellierung“ („behavior modeling“) als besonders wirksam erwiesen. Mit diesem Verfahren werden verschiedene Einzelmaßnahmen zu einem Trainingsablauf kombiniert. Verhaltensmodellierung bietet sich insbesondere dort an, wo man sich nicht damit begnügen möchte, Wissen zu vermitteln, sondern Kompetenzen entwickeln will, die sich später in realen Situationen im Verhalten der Trainierten zeigen sollen. Der idealtypische Ablauf eines solchen Trainings wird in Abbildung 5 wiedergegeben. Melchers, Lienhardt, von Aarburg und Kleinmann (2011) erreichten mit einem Interviewertraining dieser Art einen Trainingsgewinn, der etwa in gleicher Höhe lag wie die Qualitätsverbesserung durch die Verfügung über beispielhafte Verankerungen bei der Antwortbewertung.

Eine Vielzahl von Maßnahmen bietet sich an, um ein Interviewertraining zum Erfolg zu führen

Im Einzelnen bieten sich als Elemente eines Interviewertrainings im Prinzip die gleichen Bausteine an, wie sie für Maßnahmen der Personalentwicklung generell eingesetzt werden. Wichtig ist, solche Trainingselemente zu wählen, die dem doppelten Ziel gerecht werden, mit einer neuen Methode vertraut zu machen und zu einer Verhaltensbeherrschung zu führen, die dem anspruchsvollen Ziel der Mitarbeiterauswahl gerecht wird. Weniger geeignet sind hierzu Methoden, die als Mittel zur Aktivierung und eigenen Produktivität der Teilnehmer ansonsten geschätzt werden, wie z. B. Kleingruppenarbeit mit nachfolgender Präsentation der Ergebnisse. Demgegenüber haben sich Maßnahmen wie die folgenden gut bewährt, die hier nur beispielhaft und zur Anregung kurz aufgelistet werden.

Eisbrecher. Am Beginn von Interviewertrainings stehen zweckmäßigerweise kleine Aufgaben, die lockernd und stimmungshebend wirken und es den Teilnehmern erleichtern, ins Gespräch zu kommen und sich aktiv an der Veranstaltung zu beteiligen. Beispielsweise kann ein Film zur Vorführung kommen, der eine Reihe markanter Interviewfehler enthält und zur anschließenden Diskussion herausfordert.

Vortrag. Gegenstand der Vorträge in Interviewtrainings sollten nur zum geringsten Teil allgemeine Gesetzmäßigkeiten der Sozialen Urteilsbildung sein. Sie sollten sich vielmehr darauf konzentrieren, das Interviewverfahren zu begründen und zu erläutern und die Akzeptanz der Teilnehmer zu gewinnen. Die Information erfolgt am besten in prägnanter Form verteilt zwischen den Übungsblöcken.

Videovorführungen. Filmaufzeichnungen können zu verschiedenen Zwecken eingesetzt werden: Neben der genannten Eisbrecherfunktion dienen sie vor allem dazu, gelungene Modelle der Gesprächsführung vorzuführen und dabei auf wichtige Elemente – die „Lernpunkte“ – hinzuweisen. Ein weiterer Einsatzzweck ist das Vorführen von Bewerbern, deren Antworten oder Eignung zu beurteilen ist. Hierfür bietet die Videotechnik im Vergleich zu Live-Rollenspielen den Vorteil, Einzelsequenzen wiederholen und damit gegenüber den unterschiedlichen Erinnerungen objektivieren zu können. Schließlich können Interviewübungen der Teilnehmer aufgezeichnet und anschließend erörtert werden. Ist die Zahl der Teilnehmer nicht sehr gering, bietet es sich an, eher Teilsequenzen als vollständige Interviews aufzunehmen und zu diskutieren.

Faktoren, die die Effektivität positiv beeinflussen

- Es werden klare Lernziele definiert.
- Es werden eindeutige Verhaltensregeln formuliert.
- Es werden positive und negative Modelle gezeigt.
- Die Teilnehmer definieren (z. T.) selbst die zu übenden Szenarios.
- Vor dem Rollenspiel vergegenwärtigt man sich mental, worauf es ankommt.
- Das Feedback erfolgt u. a. in Form eines Videofeedbacks.
- Das Verhalten wird nach klaren Kriterien bewertet (z. B. Einsatz von Checklisten).
- Es gibt ausreichend Gelegenheit zum wiederholten Einüben des Verhaltens.
- Die Vorgesetzten der Teilnehmer haben das Training ebenfalls durchlaufen.
- Im Berufsalltag wird die Umsetzung des Verhaltens belohnt.

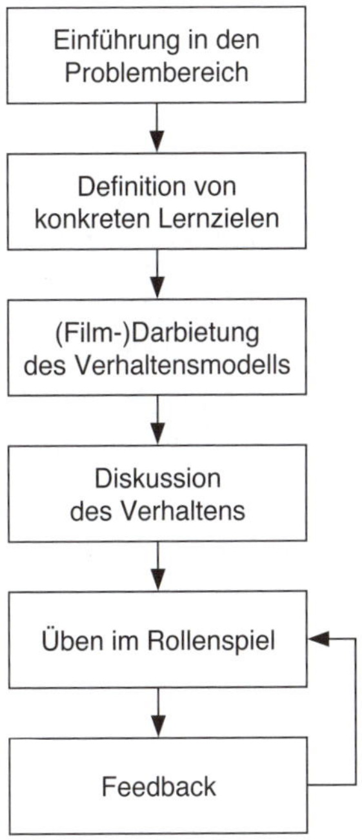

Abbildung 5:
Prinzipien der Verhaltensmodellierung (nach Kanning, 2014, S. 534)

Fragenformulierung. Sofern das Einstellungsinterview nicht aus vollständig vorformulierten Fragen besteht, kann ein Teil des Trainings der Erarbeitung von Fragen dienen. Was das Repertoire an Fragentypen betrifft, so kann Abschnitt 4.2 dieses Bandes zur Anregung dienen. Auch können zur Übung Fragen eines bestimmten Typs vorgegeben werden, die in einen anderen Typ zu transformieren sind, oder die Aufgabe kann darin bestehen, „harte“, zu direkte Fragen in eine akzeptablere Form zu bringen. Speziell „technische“ Fragentypen wie situative oder biografische Fragen erfordern besondere Erfahrung des Trainers. Immer ist zu fragen: Welche Information, über die ich noch nicht verfüge, liefert mir diese Interviewfrage?

Als Vorgehensweise bei Übungen zur Fragenformulierung kann empfohlen werden:

1. Vorstellen des Fragentyps (durch den Trainer oder per Video) in Form mehrerer Beispiele.
2. Gemeinsam werden die Kernelemente, die Abgrenzung zu anderen Fragentypen, die Schwierigkeit und Fehlermöglichkeiten, die Eigenheiten einer guten Frage, die Anwendungsfälle herausgearbeitet.

Im Interview selbst ist es zu spät: Das Formulieren guter, verschiedenartiger Fragen muss vorher geübt werden

3. Versuchsweise werden erste Beispiele für diesen Fragentyp durch jeden Trainingsteilnehmer formuliert.
4. Jeder Trainingsteilnehmer nennt eines seiner Beispiele, in einer zweiten Runde evtl. noch ein zweites. Die Fragen werden diskutiert, die wesentlichen Qualitätsmerkmale herausgearbeitet.
5. Der Trainer stellt nochmals die wichtigsten Qualitätsmerkmale als Lernpunkte zusammen.
6. Auf dieser Basis erarbeitet jeder Teilnehmer erneut zwei Fragen des betreffenden Typs und stellt eine davon wiederum zur Diskussion. In den meisten Fällen müsste zu diesem Zeitpunkt jeder Teilnehmer in der Lage sein, zu befriedigenden Resultaten zu kommen. In entsprechender Weise wird bei weiteren Fragentypen vorgegangen.

Inhaltliche Substanz zur Fragenformulierung kann der Auflistung in Abschnitt 4.5.2 entnommen werden. Auch bieten sich hierfür Stellenbeschreibungen und Bewerbungen an.

Schon im Training zeigt sich: Fragen gewinnen ihren Nutzen dadurch, dass man die Antworten diagnostisch verwerten kann

Fragenstellen. Ein Prüfstein für die Brauchbarkeit der formulierten Fragen ist das übungsweise Stellen von Fragen. Man kann so vorgehen, dass jeder Teilnehmer seinem Sitznachbarn eine Frage stellt und von diesem wiederum eine Antwort bekommt. Anschließend wird kurz erörtert, ob die Frage brauchbar war, was vor allem daran zu erkennen ist, ob sich die erhaltene Antwort diagnostisch verwerten lässt. Auch Fragensequenzen lassen sich auf diese Weise erproben, beispielsweise als Abfolge: offene Frage – Alternativenfrage – Konkretisierungsfrage.

Antwortbewertung. Wirklich gute und schlechte Antworten sind gewöhnlich leicht als solche erkennbar – zumindest dann, wenn über die Anforderungen Klarheit besteht. In den vielen anderen Fällen ist es von Vorteil, wenn für jede Frage Musterlösungen für Antworten verschiedener Qualität vorliegen. Ein Beispiel hierfür wurde im Kasten in Abschnitt 3.2 aufgezeigt; weitere finden sich in den Fallbeispielen in Abschnitt 5. Zweckmäßigerweise ähneln im Training die ersten zu bewertenden Antworten noch stark den Musterlösungen, um sich nach und nach von diesen zu entfernen. Arbeitet das vorgegebene Interview auch mit Urteilsdimensionen (z. B. „Leistungsmotivation“ oder „Kreativität“), so kann diese Vorgehensweise auch darauf Anwendung finden.

Zuhören. Aufmerksames Zuhören ist, wie wir alle wissen, nicht selbstverständlich. Mangelnde Konzentration auf den Gesprächspartner kann beispielweise durch starke Aktivierung im Interview verursacht sein, durch geringes Interesse, wichtige andere Gedanken oder durch den Drang, selbst zu Wort zu kommen. Deshalb stellen sich Bewertungsdifferenzen oft als verursacht durch unterschiedliche Wahrnehmungen heraus. Was sich als Übung im Training bewährt hat, ist die Wiederholung des Gesagten. Auch durch die Verwendung eines vorgegebenen Interviewleitfadens wird das Zuhören erleichtert, denn dadurch kann sich der Interviewer ganz auf die Antwort des Bewerbers konzentrieren, anstatt sich die nächste Frage auszudenken. Die unmittelbare Bewertung einzelner Antworten hat die gleiche Wirkung, indem sie ihn von der Aufgabe entlastet, sich um ein integrierendes Gesamturteil zu bemühen.

Eine der vielen Ursachen, weshalb schlechte Auswahlgespräche geführt werden, besteht darin, dass die meisten Menschen lieber reden als zuhören

Fallstudien. Als Fallstudien können Sie die Schilderung echter oder fiktiver Vorkommnisse vorgeben, die sich zu individueller Bearbeitung mit anschließender Diskussion in der Gruppe eignen. Gegenstand können kleinere Probleme oder Konfliktfälle wie auch die Entscheidung zwischen mehreren Kandidaten sein. Im Allgemeinen sind mehrere kurze gegenüber einer umfangreichen Fallstudie vorzuziehen. Ein Beispiel für eine kleine Fallstudie könnte wie folgt lauten:

Beispiel für eine Fallstudie

Sie haben von Ihrem Bewerber insgesamt einen guten Eindruck, sowohl fachlich wie auch persönlich. Etwas an ihm stört Sie allerdings sehr, nämlich sein nachlässiges Äußeres. Es ist doch allgemein bekannt, dass man beim Vorstellungsgespräch so auftreten soll, wie es der Zielposition entspricht. Er dagegen ist nicht nur nachlässig gekleidet, sondern wirkt auch ungepflegt. Auch wenn er künftig nicht in unmittelbarem Kundenkontakt stehen soll, gibt Ihnen das sehr zu denken.

Wie bewerten Sie diesen Sachverhalt, und welche Konsequenz hat das für Ihre Einstellungsempfehlung?

A. Das Äußere ist ein Aspekt wie viele andere auch, die zu berücksichtigen sind. Es geht deshalb in die Gesamtabwägung ein wie etwa die Fachkenntnisse oder seine Motivation.
B. Für mich ist das Äußere relativ unerheblich, es kommt auf den Menschen an, was er bei uns leisten kann und wie er sich einfügt.
C. Ich finde, das ist ein Ausdruck sozialer Unangepasstheit. Ich würde ihn deshalb nicht nehmen.
D. Dieses Auftreten gefällt mir zwar nicht, aber in einer vertrauensvollen Beziehung kann man ihn sich später mal zur Brust nehmen und ihm den Rat geben, dass es für ihn wichtig ist, einen besseren Eindruck zu machen.

Fallstudien bieten gute Gelegenheiten zur Diskussion wie auch dazu, Meinungen der Teilnehmer zu erkennen und evtl. zu beeinflussen. Auf diese Weise bietet das Interviewertraining sogar Gelegenheit, sich en passant über grundsätzliche Fragen des Verhaltensstils oder der Unternehmenskultur auseinanderzusetzen. Wichtig ist, dass die Fälle als realitätsgerecht und zum Thema gehörig angesehen werden.

Fallstudien können im Training eingesetzt werden wie situative Fragen im Einstellungsinterview

Es sollten nicht nur einzelne Fragen geübt werden, sondern auch vollständige Interviews in Kurzform

Rollenspiele. Nach dem Üben zu Formulierung und Stellen der Interviewfragen sowie der Bearbeitung kleiner Fallstudien sollten die Teilnehmer so weit sein, dass sie auch ein Einstellungsinterview in seinem Gesamtablauf durchführen können. Dabei ist es nicht nötig und meistens auch nicht praktikabel, jeden Teilnehmer ein wirklich vollständiges Gespräch führen zu lassen. Wichtig ist aber, dass alle wesentlichen Schritte des Interviewverfahrens durchlaufen werden, wenn auch in Kurzform. Die Durchführung inhaltlich gekürzter, aber formal vollständiger Interviews gibt den Teilnehmern die Gelegenheit, neben den Fragentypen auch Übergänge zu üben und zu lernen, das Gesamtgespräch im Auge zu haben. Dadurch entsteht rasch Vertrautheit mit dem System und die Zuversicht, es auch im Ernstfall gut zu schaffen. Für die Durchführung der Gespräche bietet sich an, Drei-Personen-Gruppen mit wechselnden Rollen zusammenzustellen, wobei entweder jeweils eine Person die Rolle des Bewerbers spielt und eine die des Interviewers, während die dritte Person die Antwortbeurteilungen vornimmt und anschließend dem Interviewer Feedback gibt. Es können sich aber auch zwei Personen die Rolle des Interviewers teilen und sich Fragenblockweise abwechseln. Tabelle 9 zeigt für das Verfahren „Multimodales Interview" einen Beispielablauf.

Tabelle 9:
Beispiel für ein den Ablauf eines Rollenspiels im Interviewertraining mit verkürzten Gesprächsteilen (aus Schuler, 2002, S. 242)

	Realgespräch		Rollenspiel	
	Anzahl	Minuten	Anzahl	Minuten
1. Gesprächsbeginn (Anfangsphase)	–	3	–	1
2. Selbstvorstellung des Bewerbers	–	3–5	–	2
3. Freie Fragen (verschiedene Fragentypen)	3–8	3–5	2	2
4. Fragen zu Berufsinteressen und Organisationswahl	3–5	3–5	2	2
5. Biografiebezogene Fragen	10	10	3	3
6. Realistische Tätigkeitsinformation	–	5–10	–	1
7. Situative Fragen	8	8	2	2
8. Gesprächsabschluss	–	3–5	–	1
Gesamtdauer		38–51		14

Im fortgeschrittenen Trainingsverlauf können auch „nahezu echte" Bewerber zu Übungsgesprächen eingeladen werden. Sie können sich beispielsweise aus kürzlich eingestellten Auszubildenden, Praktikanten oder aus Studierenden einer nahe gelegenen Hochschule rekrutieren. Meistens ist es ein

Gewinn, diese Personen in die anschließende Diskussion des Gesprächsverlaufs einzubeziehen.

Bewältigung schwieriger Fälle. Gegen Ende des Trainings oder – vielleicht noch besser – bei einem Treffen, nachdem die Teilnehmer erste Erfahrungen mit Realinterviews sammeln konnten, sollte ein Baustein platziert werden, der sich schwierigen Fällen widmet. Diese können darin bestehen, dass man in einem in sich widersprüchlichen Fall (siehe das Fallstudienbeispiel) zu entscheiden hat oder dass man jemandem auf die Schliche kommen möchte, der etwas zu verheimlichen hat. Interessant ist auch der Versuch, einem „Vorstellungsprofi" oder einem allzu selbstbewussten Bewerber hinter die Fassade zu schauen. Einiges davon lässt sich im Rollenspiel recht gut simulieren. Eine anspruchsvolle Übung für Fortgeschrittene besteht darin, einen oder mehrere Kandidaten verschiedenen Arbeitsplätzen zuzuordnen. Das kann den Blick dafür schärfen, wie Personen und Tätigkeiten zusammenpassen.

4.5 Durchführung des Einstellungsinterviews

Im Folgenden wird ergänzend zur Durchführung des Einstellungsinterviews im engeren Sinn auch dessen Vor- und Nachbereitung angesprochen. Alle drei Punkte sind davon abhängig, ob ein hochstrukturiertes Verfahren zur Anwendung kommt oder der Interviewer von Fall zu Fall den Ablauf plant, Fragen zusammenstellt und evtl. einen Interviewleitfaden ausarbeitet.

4.5.1 Gesprächsvorbereitung

Die Weichen für ein gelingendes Einstellungsinterview werden schon zuvor gestellt

Die wichtigsten Punkte der Vorbereitung wurden bereits in den vorangegangenen Abschnitten angesprochen: die Bestimmung der Anforderungen, die Wahl der einzusetzenden Fragen, ihre Ausformulierung und die Festlegung der Antwortbewertung. Mit einem Training können die Interviewer auf die sachgerechte Erfüllung ihrer Aufgabe vorbereitet werden und in praxisnahen Übungsdurchgängen Erfahrungen sammeln. Überdies zählen organisatorische Maßnahmen zu den erforderlichen Vorbereitungen. Dabei ist vor allem an folgende zu denken:

- schriftliche – in Ausnahmefällen telefonische – Einladung noch vor einem kündigungsrelevanten Termin vornehmen; ggf. fehlende Unterlagen anfordern und Personalbogen zusenden; um Terminbestätigung bitten;
- ggf. andere Gesprächsteilnehmer einladen;
- ungestörte Gesprächsgelegenheit schaffen;
- evtl. Wartegelegenheit vorsehen (allerdings nicht lange warten lassen);
- freundlichen Empfang sicherstellen (auch schon beim Pförtner);
- Sitzordnung planen;
- angenehme äußere Bedingungen schaffen;

- Unterlagen und Schreibmaterial bereitstellen;
- evtl. Bewirtung vorsehen;
- ggf. Arbeitsplatzbesichtigung vorbereiten;
- „roten Faden“ kurz vor dem Gespräch im Geiste durchgehen.

Soweit vor der Einladung zum Auswahlgespräch schriftliche Bewerbungsunterlagen vorliegen (und nicht etwa nur ein via Internet erhobener Kurzfragebogen), gehört zur Vorbereitung auch die Auswertung der Bewerbungsunterlagen. Als Hilfestellung hierzu soll die untenstehende Auflistung dienen.

Auswertung von Bewerbungsunterlagen (nach Schuler, 2014, S. 250)

1. *Formale Aspekte:*
   - Ist die Bewerbung ordentlich und übersichtlich angelegt?
   - Ist sie fehlerfrei und vollständig?
   - Sind Art und Umfang der Bewerbung der zu besetzenden Position angemessen?
   - Lichtbild
2. *Anschreiben und Lebenslauf:*
   - Sind Anschreiben und – zumeist tabellarischer – Lebenslauf enthalten?
   - simulationsorientierte und eigenschaftsorientierte Auswertung
3. *Erforderliche Ausbildung:*
   - Zeugnisse
   - Praktikumsnachweise
   - sonstige Bescheinigungen
   - ausbildungsbedingter Auslandsaufenthalt
4. *Erforderliche Spezialkenntnisse:*
   - Sprachen
   - EDV-Kenntnisse
   - sonstige Zusatzausbildungen, Lehrgänge etc.
5. *Übereinstimmung Lebenslauf/Belege:*
   - Lückenlosigkeit
   - Zeitfolgeanalyse
6. *Plausibilität des Stellenwechsels:*
   - Abfolge der Positionen
   - Nachvollziehbarkeit der Arbeitgeberwechsel
7. *Schulnoten:*
   - gut geeignet zur Prognose weiterer Ausbildungsleistungen
   - weniger geeignet zur Prognose des praktischen Berufserfolgs; abnehmende Validität mit zunehmender Berufserfahrung
8. *Studienleistungen:*
   - falls bekannt, Notenniveau von Hochschule und Studienfach berücksichtigen
   - Qualität der Abschlussarbeit ist wichtiger als das Thema

9. *Arbeitszeugnisse und Referenzen:*
   - meist nur verlässlich, wenn von Fachleuten ausgestellt
   - persönliche (mündliche) Referenzen meist aussagekräftiger als schriftliche
10. *Ergänzende anforderungsspezifische Aspekte:*
   - Berufserfahrung
   - Mobilität
11. *Offen gebliebene Fragen werden für das Gespräch vorgemerkt*

Informationen aus den Bewerbungsunterlagen können dazu beitragen, ergiebige Fragen für das Interview vorzubereiten. Freilich sollte die Zielsetzung darin bestehen, *ergänzende* Informationen zu erhalten, interessante Punkte näher zu beleuchten, Widersprüche zu klären oder Angaben auf ihre Stimmigkeit zu prüfen, nicht bereits Vorliegendes erneut abzufragen.

Bewerbungsunterlagen können informativ sein, ihre Validität ist allerdings sehr moderat

Bei Berufsanfängern haben sich die Schul- und Examensnoten als die valideste Quelle der Information aus den Bewerbungsunterlagen erwiesen (zusammenfassend Schuler, 2010). Es ist deshalb anzuraten, den vielen subjektiven Eindrücken, die für den Auswerter aus den Unterlagen entstehen, nicht allzu hohes Gewicht beizumessen, sondern auf das Interview als potenziell ergiebigere Quelle zu vertrauen. Bei berufserfahrenen Bewerbern sind den Bewerbungsunterlagen gewöhnlich auch Arbeitszeugnisse beigefügt. Aus ihnen können erfahrene Personalfachleute wichtige Informationen ziehen, wie Weuster (1994) erörtert. Ihre Aussagekraft steht allerdings unter der Einschränkung, dass nach geltendem Arbeitsrecht kaum ausdrücklich Nachteiliges über einen Mitarbeiter ausgesagt werden darf, wodurch sich eine „Zeugnissprache" entwickelt hat, auf deren Fragwürdigkeit seit Langem verwiesen wird. Wenn informierte Fachleute ein Arbeitszeugnis ausgestellt haben, das vom gleichen Personenkreis gelesen und interpretiert wird, sollte sich ein klares Bild des Gemeinten ergeben. In anderen Fällen sind Kommunikationsprobleme und entsprechende Fehlschlüsse zu befürchten. Auch das spricht dafür, dem Interview – und möglichst noch weiteren eignungsdiagnostischen Verfahren – das größere Gewicht zu geben.

4.5.2 Gesprächsdurchführung

Verzichtet man auf formale Angaben, wie sie zum Zeitpunkt des Gesprächs bereits vorliegen, so kann der Schwerpunkt der Gesprächsführung auf Verhalten und Ergebnissen liegen, die nicht (eindeutig) aus den Unterlagen hervorgehen, auf der Bewältigung und Verarbeitung spezifischer Situationen, auf Interessen und Präferenzen, Selbsteinschätzungen sowie auf Erwartungen und Vorgehensweisen in künftigen Situationen, wie sie etwa durch situative Fragen vor Augen geführt werden. Daraus ergeben sich beispielsweise folgende Themen und Fragenbereiche:

Themen und Fragenbereiche in Einstellungsinterviews

Übliche Fragenbereiche in frei geführten Auswahlgesprächen

- Umgehen mit bisherigen Aufgaben und Verantwortungsbereichen
- Gründe der Berufs- und Organisationswahl sowie des Arbeitsplatzwechsels
- Vorlieben, erwünschte Tätigkeit, idealer Arbeitsplatz
- weniger befriedigende oder abgelehnte Tätigkeiten
- Einstellungen zur Arbeit, Anstrengungsbereitschaft
- persönlicher Stil des Organisierens und Planens
- Pflicht- und Terminerledigung, Zuverlässigkeit
- kognitiver Stil, Fähigkeitsschwerpunkte, Einfallsreichtum
- Verhalten in relevanten sozialen Situationen
- Attribution von Konflikten, Erfolg und Misserfolg
- ggf. Führungsverhalten
- Beziehung zu Vorgesetzten, Kollegen und Mitarbeitern
- eigene Entwicklungsziele, selbst erkannter Entwicklungsbedarf

Verfügt man nicht über eine eigene Anforderungsanalyse, kann man sich bei der Erarbeitung eines Gesprächsleitfadens auch an groben Anforderungskategorien orientieren, wie sie in den bereits genannten Quellen O*Net (Peterson et al., 1999) oder dem Informationsangebot der Bundesagentur für Arbeit (berufenet.arbeitsagentur.de) zu finden sind. Eine Auflistung von 18 faktorenanalytisch bestimmten Anforderungen an Führungskräfte findet sich bei Borman und Brush (1993).

Eine Zusammenstellung, die sich in eigenen Interviewsystemen als Leitfaden zur Fragenerarbeitung und Antwortbewertung gut bewährt hat (sowohl nach subjektivem Empfinden als auch gemäß den Validitätsdaten, vgl. Abschnitt 1.6), besteht in der Auflistung, die der untenstehende Kasten wiedergibt. Sie umfasst vier Grobdimensionen mit jeweils drei Subdimensionen. Zwei der allgemeinen Kategorien beziehen sich eher auf individuelles Verhalten bzw. Fähigkeiten und andere Eigenschaften, die beiden anderen sind eher auf den sozialen Kontext ausgerichtet. Die angebotene Auflistung ist besonders für Personen mit Führungsaufgaben gedacht, mit gewissen Abstrichen und Modifikationen kann sie allerdings auch für weitere Bewerbergruppen – namentlich solche in Kontaktberufen – zur Orientierung dienen.

Beschreibung von vier allgemeinen Eignungsanforderungen (Zielgruppe Führungskräfte; nach Schuler, 2002, S. 215)

Vier Anforderungsdimensionen, die meistens passen (besonders für Führungskräfte)

Organisation

- Informationsverarbeitung, Übersicht, Denken und Handeln in Zusammenhängen, planvolles und systematisches Arbeiten, Fachkompetenz, strategische Planung, Prioritäten setzen, Problembewusstsein, vorausschauendes Handeln, kompetentes Denken und Problemlösen

– Gewissenhaftigkeit, Ordnung, Sorgfalt, Zuverlässigkeit, Kostenbewusstsein, Sparsamkeit, Konzentration, Korrektheit, Verantwortlichkeit, Selbstdisziplin – Loyalität, Identifikation, Einsatz für das Unternehmen, Orientierung an übergeordneten Zielen, Unternehmenskenntnis und -verständnis, ökonomisches Interesse, Streben nach Gewinn
Erfolgsorientierung
– Leistungsbereitschaft, Zielstrebigkeit, Fleiß, Ausdauer, Beharrlichkeit, Belastbarkeit, Streben nach Erfolg, Arbeitsmenge, Frustrationstoleranz (Enttäuschungsfestigkeit), Fokussierung – Selbstvertrauen, Optimismus, Erfolgserwartung, Zuversicht, Wettbewerbsorientierung, eigene Zielsetzung, Selbstständigkeit, Risikobereitschaft, Begeisterungsfähigkeit, Mut, Probleme anzupacken – Initiative, Einfallsreichtum, Kreativität, Flexibilität (Umstellungsfähigkeit), Arbeitstempo, Entscheidungsfreude, Neugierde, Lernbereitschaft, geistige Offenheit
Kooperation
– Freundlichkeit, Entgegenkommen, Offenheit, Kommunikationsfähigkeit, sich in andere hineinversetzen können, Anerkennung und Respekt für andere, Rücksicht, eigene Fehler eingestehen, Vertrauenswürdigkeit – Kollegialität, Unterstützung, Coaching, persönliches Engagement für Mitarbeiter, Delegation, Kooperation mit dem Vorgesetzten, Zeit nehmen für andere, Förderung anderer, Bereitschaft zu dienen – Gruppenorientierung, Bemühen um Zusammenarbeit, Informationsaustausch, Förderung von Partizipation, Konsensorientierung, Gemeinschaftssinn, Kompromissbereitschaft, Fairness
Überzeugung
– Anregung, Motivierung, Bewegung anderer, Interesse wecken, Anspornen, Verständnis anderer fördern, Engagement anderer fördern, Vorbild für andere sein – Einfluss, Durchsetzung, Dominanz, Verhandlungsgeschick, engen Kontakt halten, Kundenorientierung, Auftreten, Präsentation, geschickte Gesprächsführung, gerechte, aber auch unpopuläre Entscheidungen treffen – Koordination der Aktivitäten anderer, Ziele setzen, offenes Feedback geben, durch Anerkennung und Kritik steuern, kontrollieren, Leistung fordern, Konflikte regeln, Coaching, persönliches Engagement für die Mitarbeiter

Gesprächsatmosphäre

Auch im Einstellungsinterview macht der Ton die Musik

In den meisten Fällen kommt dem Interviewer ein höherer Status zu als dem Bewerber – wenn nicht aufgrund seiner beruflichen Position, so zumindest durch seine unmittelbare oder indirekte Entscheidungsmacht. Er sollte vermeiden, seine Überlegenheit zu betonen und dem Bewerber zu vermitteln, dass er ihn als Bittsteller betrachtet. Im Gegenteil verlangt seine Aufgabe ein unkompliziertes, lockeres Auftreten, um etwaigen Hemmungen des Bewerbers entgegenzuwirken. Für den Bewerber ist der Interviewer zunächst *der* Repräsentant des Unternehmens. Empfindet der Bewerber Sympathie ihm gegenüber, so ist das eine gute Voraussetzung für eine positive Haltung zum Unternehmen insgesamt und oft sogar ein Grund für die Annahme eines Stellenangebots. Ältere und ranghohe Interviewer haben es leichter, weil Menschen bestrebt sind, mit ranghohen Personen zu verkehren, und sich dadurch aufgewertet fühlen.

Der Verlauf des Gesprächs sollte von Freundlichkeit, Höflichkeit und Wohlwollen getragen sein. Positive Verstärkung und Offenheit seitens des Interviewers bewirkt auch Offenheit des Bewerbers. Es ist günstig, wenn der Interviewer stabil und unaufgeregt wirkt und in gewissem Maße die Sprache des Bewerbers spricht.

Gesprächsbeginn

Am Beginn des Gesprächs steht gewöhnlich – im Anschluss an die persönliche Vorstellung – ein wenig Smalltalk in freundlicher Stimmung. Affirmative (bestätigende) Äußerungen tragen zur Entwicklung eines positiven Kontakts bei. Gemeinsamkeiten fördern die Sympathie („Sie stammen aus Bologna. Eine wunderbare alte Stadt! Ich war erst einmal kurz dort, würde sie aber gern einmal gründlicher kennenlernen.“) In der Smalltalk-Phase findet noch keine förmliche Bewertung statt, dennoch „arbeitet“ hier bereits unsere Eindrucksbildung. (Man muss sich sogar davor hüten, nicht allzu stark der Wirkung des ersten Eindrucks nachzugeben!) Jedenfalls lässt sich z. B. erkennen, ob es dem Bewerber leicht fällt, in dieser ersten Kontaktnahme in ein Gespräch zu finden, oder ob er starr und wortkarg wirkt.

Noch vor Beginn des eigentlichen Einstellungsinterviews sollte ein grober Überblick über die Gesprächsziele, den Gesprächsablauf und den zeitlichen Rahmen gegeben werden. Es kann betont werden, dass man es wichtig findet, einander gut kennenzulernen, weshalb ein klares und offenes Gespräch wichtig ist, in dem auch der Bewerber eine aktive Rolle spielt, also auch seinerseits die Fragen stellt, die für seine Entscheidung wichtig sind.

Gesprächssteuerung

Die Steuerung des Gesprächs liegt im Wesentlichen selbstverständlich auf Seiten des Interviewers. Führt er ein Interview nach einem systematischen Verfahren, so ergibt sich dies schon aus der Gesprächsstruktur. Aber auch ein frei geführtes Auswahlgespräch sollte nach einem Plan ablaufen, der zumindest als Eckpunkte Phasen und Themen vorsieht, die abzuarbeiten sind. Auch sollte es auf alle Fälle Fragen enthalten, die – der Vergleichsmöglichkeit zwischen Kandidaten halber – jedem der Bewerber für eine bestimmte Position zu stellen sind.

Nicht zu dominieren, aber die Steuerung des Gesprächs doch nicht aus der Hand zu geben, das ist die Kunst

Die Entwicklung des Gesprächs sollte insgesamt vom Fachlichen zum Persönlichen gehen und innerhalb der Themenbereiche vom Allgemeinen zum Spezifischen sowie von offenen zu geschlossenen Fragen. Die Beherrschung mehrerer Fragenformen (durch Einüben!) erlaubt es, die jeweils sachgerechte, zielführende Art von Frage zu formulieren. Ein vorbereiteter Ablaufplan hilft dem Interviewer, seinen roten Faden auch dann wiederzufinden, wenn sich zwischendurch Abweichungen durch unerwartete Themeneinschübe oder durch Fragen des Kandidaten ergeben. Mit Nachfragen sollten Interviewer sparsam umgehen; sie sind nur sinnvoll, wenn ein Sachverhalt wirklich noch nicht klar ist oder wenn noch keine Bewertung der ersten Antwort möglich ist. Unbedingt ist darauf zu achten, dass sich der Bewerber nicht wie in einem Kreuzverhör vorkommt (diese Gefahr ist eher in einem hochstrukturierten als in einem frei geführten Gespräch gegeben).

Ein sachkundiger Interviewer wird im Gespräch die Anforderungen der fraglichen Tätigkeit nie aus den Augen verlieren und ggf. nach kleinen Exkursen, die sich im Verlauf ergeben mögen, zielorientiert wieder zu den anforderungsgeleiteten Themen zurückfinden. Mit „Anforderungen“ sind dabei selbstverständlich nicht nur die faktischen Arbeitsaufgaben gemeint, sondern auch Aspekte des Sozialverhaltens, der Loyalität und alles weitere, was ein gutes, vertrauenswürdiges Mitglied einer Organisation ausmacht, das seinen Beitrag auch zum Funktionieren des betrieblichen Sozialgefüges leistet.

Zuhören

Interviewer sprechen üblicherweise mehr als Bewerber, was unzweckmäßig ist

Fragt man Interviewer, wie die Zeitanteile in ihren Auswahlgesprächen üblicherweise verteilt sind, liegt die Schätzung ihres Eigenanteils selten über 50 %, meistens darunter. Misst man dagegen die Gesprächsanteile, kommt man stattdessen auf 80 % Anteil für den Interviewer, bei Fachvorgesetzten eher noch mehr. Dies sind Werte aus eigener, neuerer Interviewbeobachtung, aber schon Mayfield (1964) hatte in seinem Literaturüberblick den hohen Gesprächsanteil der Interviewer als eine der Ursachen geringer Validität gekennzeichnet.

Nicht nur, aber besonders Fachvorgesetzte sind anfällig für dieses Phänomen. Sie können immerhin ins Feld führen, dass es wichtig ist, qualifizierten Bewerbern die Aufgaben als interessant dazustellen. Allerdings übersehen sie im Eifer ihrer Darstellung, wie bedeutsam es ist, sich auf den Gesprächspartner zu konzentrieren, darauf zu achten, wie er die Fragen aufnimmt und seine Antwort strukturiert, welche Formulierungen er verwendet, was er besonders betont, was er „zwischen den Worten" sagt, wobei er zögert, worüber er gar nicht sprechen möchte. Eine solche diagnostische Feinfühligkeit ist insbesondere dort geboten, wo nicht ein hochstrukturiertes Interviewverfahren für eine verlässliche Informationsgewinnung sorgt. Auch in diesem Fall allerdings ist es wichtig, sich auf den Gesprächspartner einzustellen, sich ihm mit freundlicher Aufmerksamkeit zuzuwenden, Interesse zu zeigen und häufigen Blickkontakt zu üben, ihm geduldig Zeit zum Nachdenken zu geben und nicht während seiner Äußerungen die nächsten Fragen zu überlegen oder in den Unterlagen zu blättern.

Notizen

Ist es störend, sich während des Gesprächs Notizen zu machen?

Manche Interviewer befürchten, es würde von den Bewerbern als störend empfunden, wenn sie sich während des Gesprächs Notizen machen. Tatsächlich wirken schriftliche Aufzeichnungen aber nur dann störend, wenn sie länger dauern als die übliche Zeit zwischen zwei Blickkontakten, das sind fünf bis zehn Sekunden. Kürzere Notizen werden vom Gesprächspartner häufig nicht einmal wahrgenommen. Das Aufschreiben längerer Sätze unterbricht demgegenüber den Rapport und kann den Gesprächsfluss beeinträchtigen. Verwendet der Interviewer ein strukturiertes Verfahren, das die unmittelbare Bewertung jeder einzelnen Antwort oder einer Gruppe zusammenhängender Antworten vorsieht, entsteht daraus keinerlei Irritation (soweit nicht für den Kandidaten sichtbare Noten vergeben werden).

Der Interviewer kann ein Übriges tun und schon vor Gesprächsbeginn erklären: „Mir liegt daran, aus unserem gründlichen Gespräch nichts Wichtiges zu vergessen, deshalb werde ich mir Notizen machen." Es betont den Symmetriecharakter der Beziehung, wenn er hinzufügt: „Für den Fall, dass auch Sie sich Aufzeichnungen machen möchten, habe ich Ihnen Papier und Stift bereitgelegt." Selten nur wird dieses Angebot genutzt. Verwendet man ein Verfahren, das einheitliche Fragen für alle Bewerber vorsieht, wodurch es zweckmäßig ist, die Fragen wortgetreu vorzulesen, so ist es gleichermaßen günstig, dies vorher anzusprechen.

Hält man es für erforderlich, den Gesprächsinhalt ausführlich zu protokollieren, so muss das von einer weiteren Person vorgenommen werden. In einem solchen Fall ist es erwägenswert, stattdessen ein Gerät zur Tonaufzeichnung zu nutzen. Anfangs mag dies auf manche Personen etwas hemmend wirken (es erhöht Selbstaufmerksamkeit und Selbstkontrolle), aber schon bald gerät die Aufzeichnung in Vergessenheit.

Zahl der Interviewer

Die klassische Gesprächssituation besteht in der Unterhaltung, die zwei Personen miteinander führen; das gilt für Einstellungsinterviews ebenso wie für die meisten anderen Gelegenheiten. Der wichtigste Grund, die Zahl der Interviewer zu vermehren, liegt in der geringen Objektivität von Einzelurteilen in unstrukturierten Interviews. Die Beurteilerübereinstimmung frei geführter Auswahlgespräche ist in den meisten Fällen so niedrig, dass dafür mehrere Beurteiler erforderlich sind (zur Berechnung der genauen Anzahl vgl. Schuler, 2002). Mit hochstrukturierten Interviews werden hingegen Objektivitätswerte erzielt, die denen von Testwerten gleichkommen, weshalb in solchen Fällen ergänzende Beurteiler entbehrlich sind oder allenfalls die Funktion haben, weiteren Personen die Gelegenheit zu bieten, sich einen Eindruck vom Bewerber zu verschaffen. Sollen diese Personen in das Gespräch einbezogen werden, so ist zumeist die Vorgehensweise günstiger, dass sie ein unabhängiges zweites Interview führen. Insbesondere für Fachvorgesetzte bietet sich ein eigenes Gespräch an, das auch mit einem Rundgang durch die Abteilung, Produktionsanlagen etc. verbunden werden kann. Eine größere Zahl von Personen teilnehmen zu lassen, ist für die meisten Fälle nicht zu empfehlen, weil dadurch der Charakter einer Prüfungs- oder Konfrontationssituation entsteht. Eine Ausnahme ist der Sonderfall, dass sich ein Bewerber einer ganzen Arbeitsgruppe vorstellt, aber dies findet gewöhnlich nicht im Erstgespräch statt.

Je schlechter das Auswahlgespräch, desto mehr unabhängige Interviewer sind nötig

Ein Sonderfall, der besonders bei der Einführung neuer Interviewverfahren in einer Organisation praktiziert wird, ist das gemeinsame Führen des Interviews von einem externen Berater und einem Mitglied des Unternehmens. Als Regelfall wird häufig die Kombination aus Linie/Führungskraft mit einem Vertreter der Personalabteilung praktiziert. In beiden Fällen kommen den beteiligten Personen aufgrund ihrer Expertise dann spezifische Rollen zu.

Gesprächsdauer

Frei geführte Auswahlgespräche nehmen oft zwei Stunden oder mehr in Anspruch. Das liegt daran, dass kein Kriterium dafür zur Verfügung steht, wann eine ausreichende Informationsmenge vorliegt. Bei strukturierten Gesprächen wie dem Behavior Description Interview oder dem Multimodalen Interview ergibt sich der Umfang aus der vorbereiteten Fragensammlung, wobei freilich ein gewisser Spielraum durch die Auskunftsfreudigkeit der Kandidaten besteht. Nur in Ausnahmefällen allerdings braucht ein solches Gespräch länger als eine Stunde zu dauern.

Steht die mangelnde Eignung eines Bewerbers schon früh im Gesprächsverlauf außer Frage, ist es im Sinne beider Beteiligter, das Verfahren abzukürzen. Freilich sollten auch in diesem Falle Höflichkeit und Freundlichkeit gegenüber dem Kandidaten gewahrt bleiben. Speziell anspruchsvolle situative Fragen sind geeignet, ungeeignete Bewerber selbst erkennen zu lassen, dass die fragliche Stelle für sie nicht die richtige wäre. Im Multimodalen Interview kann auch der Gesprächsteil „realistische Tätigkeitsinformation“ diesen Zweck erfüllen.

Gesprächsabschluss

Zum Abschluss empfiehlt es sich, die wichtigsten Gesprächsinhalte zusammenzufassen und anschließend zu fragen, ob noch Punkte offen sind oder noch Fragen bestehen. Anschließend werden Vereinbarungen über das weitere Vorgehen getroffen. Nur in Ausnahmefällen wird gleich eine Entscheidung gefällt, nämlich dann, wenn kein weiterer Kandidat infrage kommt und gleichzeitig dem Interviewer die Entscheidungskompetenz zugebilligt wird. Selbst bei Bewerbern, die im Interview einen sehr positiven Eindruck machen konnten, ist das Erstgespräch selten das abschließende Verfahren. Zumeist erfolgen weitere Gespräche (speziell bei höherrangigen Positionen) und/oder es werden weitere Verfahren wie Tests, Arbeitsproben oder Assessment Center durchgeführt.

Mit erkennbar qualifizierten Bewerbern wird man eventuell bereits (Vor-) Vereinbarungen über Arbeitsvertrag, Gehalt, Einsatzbereich, Urlaubsregelung, Einstellungstermin etc. treffen. Wichtig ist, nur erfüllbare Zusagen zu machen, beispielweise die Aufstiegsmöglichkeiten realitätsgerecht darzustellen. Bei interessanten Bewerbern ist es nützlich, sich zu erkundigen, ob sie „noch andere Eisen im Feuer“ haben, und sie zu ersuchen, kein anderes Angebot anzunehmen, ohne zuvor nochmals Kontakt zu dem Interviewer aufzunehmen.

Üblicherweise wird einem Bewerber nicht unmittelbar im Anschluss an das Gespräch Feedback über sein Abschneiden und über seine Chancen gegeben, ein Einstellungsangebot zu erhalten – von Extremfällen abgesehen. Diese Zurückhaltung dient nicht nur dazu, die weitere Entscheidungsfindung offenzuhalten, sondern ist auch der Gesetzeslage geschuldet, die ein glattes Parkett für weniger gewiefte Personalleute bereithält (vgl. Abschnitt 4.8) – auch wenn man es in manchen Fällen für fair halten würde, einige wirklich offene Worte zu sagen.

4.5.3 Gesprächsnachbereitung und Entscheidungsfindung

Wurde ein freies (unstrukturiertes) Auswahlgespräch geführt, so besteht ein wesentlicher Teil der Nachbereitung in der Rekapitulation der erhaltenen Information und dem Zusammenfügen sowie Bewerten der Notizen – soweit vorgenommen – und der Erinnerungen an den Gesprächsverlauf. Wie die Erörterungen in Abschnitt 2.1 (Soziale Urteilsbildung) gezeigt haben, entsteht daraus nur selten ein verlässliches Gesamtbild mit optimaler Gewichtung aller Einzelelemente.

Einfacher und ergiebiger stellt sich die Aufgabe der Nachbereitung dar, wenn das Gespräch anhand eines strukturierten Verfahrens vorgenommen wurde, innerhalb dessen jede erhaltende Antwort unmittelbar bewertet wurde. Nur in Ausnahmefällen sind dabei weitergehende schriftliche Notizen erforderlich; gelegentlich mögen sie aber als Erinnerungsstützen für besondere Vorkommnisse dienlich sein.

Interviewauswertung

Wir haben also zwei Fälle zu betrachten, das frei geführte Auswahlgespräch und das hochstrukturierte Interview – zwischen denen es freilich eine Vielfalt von Abstufungen gibt. Die strukturierte Version bietet nicht nur Vorteile in der Urteilsbildung, sondern in günstigen Fällen auch in der Gruppierung in Dimensionen (z. B. die in Abschnitt 4.5.2 beschriebenen Dimensionen), die aus einer Anforderungsanalyse abgeleitet wurden, eventuell sogar in Form eines Algorithmus zur gewichteten Aggregation der Bewertungen wie im Fall des Multimodalen Einstellungsinterviews. Bei diesem Verfahren ergibt sich die Gewichtung aus der Validität der Einzelkomponenten (z. B. Selbstvorstellung, biografische Fragen etc.) und der Anzahl der Fragen innerhalb jeder der Komponenten.

Je mehr vorher in das Interview investiert wurde, desto einfacher ist anschließend die Auswertung

Bei frei geführten Gesprächen ist die Integration, eventuell sogar die Dimensionalisierung, im Auswertungsprozess zu leisten und ggf. zwischen mehreren Beurteilern abzustimmen. Wenn allerdings Unklarheit über die Auswertungsdimensionen besteht, hat man zu Beginn des Prozesses etwas versäumt, nämlich eine entsprechende Gruppierung der Anforderungen – oder sogar die Anforderungsanalyse insgesamt. Die Bildung von Dimensionen ist nicht zwangsläufig erforderlich – im Falle von Auswahlentscheidungen genügt zumeist ein einfaches „Ja“ oder „Nein“ – , man benötigt sie aber, wenn das Interview einer Klassifikationsentscheidung oder der Zuweisung von Entwicklungsmaßnahmen dienen soll. Wie im Abschnitt „Zahl der Interviewer“ bereits angesprochen, ist bei frei geführten Gesprächen die Objektivität so gering, dass es erforderlich ist, zumindest einen zweiten Beurteiler einzusetzen, ihn besser noch ein zweites unabhängiges Gespräch führen zu lassen. Will man den Objektivtätswert eines guten, hochstrukturierten Interviews erreichen, sind selbst zwei Beurteiler nicht genug.

Entscheidungsfindung

Mit der Diagnose ist noch keine Entscheidung getroffen!

Mit einer Eignungsdiagnose, wie ein Einstellungsinterview sie liefert, ist noch keine Entscheidung getroffen – nicht einmal dann, wenn es sich beim Auswahlgespräch um das einzige eingesetzte Verfahren handelt. Wir sollten hier zwei Arten von Entscheidungen betrachten, die kriterienbezogene

Kriterienbezogene vs. normbezogene Entscheidungen

und die normbezogene Entscheidung. Von einer kriterienbezogenen Entscheidung spricht man dann, wenn ein Leistungsmaßstab erreicht wird, beispielsweise acht zufriedenstellende Antworten auf zehn Fragen oder gute Kenntnisse in allen wesentlichen Tätigkeitsbereichen. Nur in wenigen Fällen werden solche Kriterien explizit formuliert, da man sich erstens nicht die Mühe macht und zweitens nicht genau weiß, wann die Leistung im Interview gut oder ausreichend ist, sprich: welcher Leistungswert eine positive Prognose erlaubt. (Bei Multiple-Choice-Prüfungen im Medizinstudium ist es – wie bei den meisten anderen Studiengängen – ausreichend, die Hälfte der Fragen richtig zu beantworten, um die Prüfung zu bestehen. Als Patient schüttelt man sich.) Um eine solche Festlegung zu treffen, benötigt man eigentlich eine Validierungsstudie, die wiederum praktisch nur mit einem weitgehend standardisiert durchgeführten Verfahren und einer großen Zahl von Anwendungen sinnvoll zu bewerkstelligen ist.

Deshalb geht man zumeist nach dem normbezogenen Entscheidungstypus vor, d. h. man vergleicht die Bewerber untereinander und entscheidet sich dann für den besten. Allerdings kann es vorkommen, dass auch der beste der Bewerber keinen wirklich guten Eindruck macht. Dies zu erkennen, bedeutet freilich, dass man doch zumindest über implizite Kriterien dafür verfügt, was man als zureichende Leistung im Interview ansehen möchte; man verfährt also in Wahrheit nach einem „gemischten Modell“. Im Falle psychometrisch strikter kontrollierter Verfahren, vor allem bei Tests, liegen Normtabellen vor, die auf einer sehr großen Zahl von Personen basieren und deshalb eine verlässlichere Entscheidungshilfe darstellen als die wenigen Fälle, die man selbst als Vergleichsmaßstab hat, und deshalb auch eine rein normorientierte Entscheidung ermöglichen.

Die zwei grundlegenden Arten der Entscheidungsfindung sind kriterienbezogene und normbezogene Entscheidung. Bei der kriterienbezogenen Entscheidung wird die Leistung an einem zuvor festgelegten Maßstab gemessen, bei der normbezogenen Entscheidung werden die Werte der Personen miteinander verglichen.

Wenn es sich beim Einstellungsinterview um das einzige (ggf. nach der Sichtung der Bewerbungsunterlagen) eingesetzte Auswahlverfahren handelt, ist die nachfolgende Entscheidung bzw. Einstellungsempfehlung noch recht einfach: Man nimmt den besten oder den sympathischsten Kandidaten, oder man begibt sich erneut auf die Suche. Schwieriger wird es, wenn verschiedene Verfahrensarten zum Einsatz kommen. Dann macht beispielsweise Kandidat A den besten Eindruck im Interview, Kandidat B erreicht den besten Wert im Fähigkeitstest, und Kandidat C meistert die Arbeitsprobe besonders gut. Noch schwieriger wird die Sache, wenn man es mit differenzierten Anforderungsaspekten oder etwa mit einer größeren Zahl von Einzelmerkmalen in einem Persönlichkeitstest zu tun hat. Eine weitere

Steigerung besteht darin, dass eine Klassifikationsentscheidung zu treffen ist, bei der mehrere Personen mehreren zu besetzenden Positionen optimal zugeordnet werden sollen. In solchen Fällen wird man um formale Entscheidungsalgorithmen nicht herumkommen, mit denen wir uns an dieser Stelle leider nicht befassen können (vgl. hierzu Cascio & Aguinis, 2011, oder Schuler, 2014). In der Praxis wird man diesen Gordischen Knoten möglicherweise schlicht dadurch lösen, dass man die Entscheidung grob vereinfacht und sagt, für die anspruchsvollere Aufgabe nehme ich die Bewerberin D, weil sie über einschlägige Berufserfahrung verfügt, einigermaßen brauchbare Testwerte erzielt hat und persönlich einen guten, vertrauenswürdigen Eindruck macht. Die zweite Position besetze ich mit dem fachlich bestqualifizierten Bewerber, die dritte Position lasse ich zunächst unbesetzt.

4.6 Validierung

Je höher das Gewicht der Konsequenzen, desto wichtiger die Prüfung der Entscheidungsqualität

In Abschnitt 1.6 wurde über die Validität von Einstellungsinterviews berichtet. Dabei hatte sich u. a. gezeigt, dass die kriterienbezogene Validität von Interviews mit dem Grad ihrer Strukturiertheit steigt (Huffcutt & Arthur, 1994), dass demgegenüber allerdings Berechnungen der Konstruktvalidität gezeigt haben, dass geringer strukturierte Interviews einen höheren Zusammenhang mit der Intelligenz der Kandidaten ergaben (Huffcutt, Roth & McDaniel, 1996). Das letztgenannte Ergebnis gilt freilich nur für solche Fälle, in denen ein strukturiertes Interview nicht darauf ausgelegt ist, kognitive Fähigkeiten zu erfassen. Man kann annehmen, dass dort, wo hochstrukturierte Interviewverfahren eingesetzt werden, auch andere Verfahrenstypen wie Intelligenztests zum Einsatz kommen, weshalb darauf verzichtet werden kann, diese Fähigkeiten auch im Gespräch zu ermitteln.

Die Bestimmung der Validität wird als *Validierung* bezeichnet. Hierfür stehen verschiedene Methoden zur Verfügung, auch verlangen die unterschiedlichen Facetten inhalts-, kriterien- und konstruktbezogene Validität verschiedene, in dieser Reihenfolge methodisch zumeist komplexere Vorgehensweisen. In den meisten Fällen versteht man unter *der* Validität die Bewährung einer Prognose an später zu ermittelnden Kriterien (Erfolgswerten wie Leistung, Zufriedenheit oder Verbleiben in der Organisation), also die *prognostische Validität.* Die Art ihrer Messung hängt von der Qualität der erhobenen Daten ab. Die üblichste Methode ist die Berechnung einer Produkt-Moment-Korrelation. Die Verlässlichkeit ihres Ergebnisses hängt von der Größe der Stichprobe ab, die Generalisierbarkeit dieses Ergebnisses von der Repräsentativität dieser Stichprobe. Der durchschnittliche Stichprobenumfang der in der Literatur berichteten Untersuchungen liegt bei etwas über 70 Personen, in Metaanalysen werden gewöhnlich zwischen 20 und mehreren hundert Einzelstudien verwertet, die viele tausend Personen umfassen.

Ein derartiger Aufwand kann natürlich in der Praxis aufgrund der Datenlage nicht betrieben werden, häufig auch aufgrund mangelnder statistischer Kompetenz. Wie stellt man dann fest, ob man mit seinen Entscheidungen richtig liegt? Immerhin hat man seinen gesunden Menschenverstand, und der sagt einem: Im letzten Jahr habe ich drei Mitarbeiter eingestellt; mit zweien davon bin ich zufrieden, mit dem dritten noch so einigermaßen. Also habe ich doch gute Entscheidungen getroffen, oder? Nun – was einem der gesunde Menschenverstand nicht sagt, ist, dass man vielleicht die besten Bewerber immer nach Hause geschickt und nur die zweitbesten eingestellt hat. Auch klärt er einen nicht darüber auf, dass eine Stichprobe von N = 3 in hohem Maße zufallsbehaftet ist. Weshalb bemüht man sich bei wissenschaftlichen Untersuchungen um so große Stichproben? Eben. Bei Münzwürfen ist die Wahrscheinlichkeit für Kopf oder Zahl 50 : 50, und bei hundert Würfen erzielt man auch annähernd dieses Ergebnis, bei tausend noch annähernder. Aber dreimal oder auch fünfmal hintereinander „Zahl“ ist keine Seltenheit.

Ein bisschen Skepsis der eigenen Intuition gegenüber ist also am Platze. Um sie ein wenig zu kontrollieren, soll hier als Berechnungsmethode die Rangkorrelation nach Spearman angeboten werden. Wir bemühen uns, sie an Beispielen so zu erläutern, dass man die Methode auch ohne Statistikausbildung auf seine eigenen Daten anwenden kann. Was man dazu zunächst aushalten muss, ist eine Formel, die sich aber bei näherem Besehen als ganz harmlos erweist:

$$r = 1 - \frac{6 \cdot \Sigma d^2}{N \cdot (N^2 - 1)}$$

Versuchen Sie einmal, die Validität Ihrer Auswahlentscheidungen selbst zu berechnen!

Wir wenden diese Formel auf ein Beispiel an, bei dem im vergangenen Herbst sieben Lehrlinge eingestellt wurden und gemäß dem Gesamteindruck, den sie auf den Interviewer gemacht haben, in eine Rangreihe von 1 bis 7 gebracht wurden. Nach dem ersten Ausbildungsjahr haben die Ausbilder ihr Urteil angegeben, wonach die Lehrlinge wiederum in eine Rangreihe gebracht wurden. Die statistischen Zeichen und Berechnungen sollten sich aus Tabelle 10 erklären.

Die Anzahl unserer Auszubildenden (7) und die Summe der quadrierten Differenzen zwischen der ersten und der zweiten Rangreihe setzen wir jetzt in unsere Formel ein:

$$r = 1 - \frac{6 \cdot 34}{7 \cdot (49 - 1)} = 1 - \frac{204}{336} = 1 - 0{,}61 = 0{,}39$$

Die Rangkorrelation zwischen dem Eindruck der Interviewer und der Leistung der Lehrlinge in den Augen ihrer Ausbilder beträgt also $r = .39$. Das ist kein schlechtes Ergebnis (zumal die Rangkorrelation die wahre Stärke der Beziehung etwas unterschätzt), aber auch kein überragendes Ergebnis. Hätte

Tabelle 10:
Beispiel zur Berechnung der Validität der Auswahlentscheidung: Rangreihe von sieben Lehrlingen (N = 7) gemäß dem Gesamteindruck im Einstellungsinterview und der Beurteilung durch den Ausbilder; Differenz zwischen beidem (*d*) und quadrierte Differenz (d^2)

Personen (N)	Rangplatz Gesamteindruck im Interview	Rangplatz Beurteilung durch den Ausbilder	*d*	d^2
A	1	2	1	1
B	2	1	1	1
C	3	6	3	9
D	4	7	3	9
E	5	4	1	1
F	6	3	3	9
G	7	5	2	4
Summe (Σ)	–	–	–	34

man ergänzend zum Auswahlgespräch gute Tests und Arbeitsproben eingesetzt, wäre es wahrscheinlich möglich gewesen, eine noch bessere Übereinstimmung zwischen Prognose und tatsächlicher Leistung zu erzielen.

Wir sollten allerdings in Erinnerung behalten, dass der Zufallsfaktor bei sieben Personen ziemlich groß ist, wodurch unser Ergebnis also genauer wirkt, als man es nehmen sollte. Aber man weiß immerhin, dass man bei der Auswahl keine ganz großen Schnitzer gemacht hat. Zudem kann man diejenigen Fälle, bei denen die größten Abweichungen vorliegen, genauer beobachten, um es beim nächsten Auswahlturnus noch besser zu machen. Möchte man anspruchsvollere statistische Methoden verwenden, kann man hierfür beispielsweise das empfehlenswerte Lehrbuch von Bühner und Ziegler (2009) zu Rate ziehen.

Setzt man mehrere Auswahlverfahren ein, so kann es zu irreführenden Ergebnissen führen, wenn man die Validität jedes einzelnen Verfahrens berechnet. Ein grober Fehler wäre es gar, die einzelnen Validitätswerte zusammenzuzählen. Was nämlich aus den separaten Werten nicht hervorgeht, ist das Maß der Redundanz, das die Verfahren verbindet. Beispielsweise umfasst der Intervieweindruck manche Aspekte, die bereits aus den Bewerbungsunterlagen erkennbar waren, und auch mit den Testwerten teilt das Auswahlgespräch einiges an Gemeinsamkeit. Es gilt also zu bestimmen, was jedes dieser Verfahren über die anderen Verfahren hinaus leistet. Man ist hier bei der Frage der *inkrementellen Validität*, die auch bereits in Abschnitt 1.6 angesprochen wurde. Im untenstehenden Kasten werden die wichtigsten Ergebnisse zur in-

Wichtig ist nicht nur die Validität einzelner Auswahlverfahren, sondern was sie in Kombination zu leisten vermögen

krementellen Validität – also zum zusätzlichen Informationsgehalt – zusammengestellt, die Einstellungsinterviews durchschnittlich liefern. Seit der Zusammenstellung dieser Aussagen wurde die Forschung um einige weitere Ergebnisse bereichert; was dort noch als „wahrscheinlich" bezeichnet wurde, kann mittlerweile als gut belegt gelten (näheres bei Schuler, 2014).

Inkrementelle Validität von Einstellungsinterviews (nach Schuler, 2002, S. 227)

- hohe inkrementelle Validität strukturierter Interviews (vor allem biografischer Fragen) gegenüber Intelligenztests
- mäßige inkrementelle Validität unstrukturierter Interviews gegenüber Intelligenztests
- inkrementelle Validität von Interviews gegenüber sonstigen Fähigkeitstests (wenn nicht gleiche Konstrukte erfasst werden) und Arbeitsproben wahrscheinlich
- erhebliche Unterschiede zwischen Interviewern, inkrementelle Validität gegenüber Intelligenztests zu erzielen
- inkrementelle Validität von Interviews gegenüber Schul- und Examensnoten
- verminderte Validität von Interviews nach strenger Auswahl auf der Basis von Bewerbungsunterlagen
- inkrementelle Validität strukturierter Interviews gegenüber Gewissenhaftigkeitstests, wahrscheinlich auch gegenüber anderen Persönlichkeitstests
- inkrementelle Validität frei geführter und strukturierter Interviews in Ergänzung zueinander
- inkrementelle Validität biografischer Interviewfragen gegenüber situativen Fragen, nicht aber umgekehrt

4.7 Rechtliche Vorgaben und vorrechtliche Regelungen

Anders als in den USA ist in den deutschsprachigen Ländern wie auch aus dem übrigen Europa wenig von arbeitsgerichtlichen Auseinandersetzungen über Auswahlprozesse zu hören. Dennoch tut jeder damit Beschäftigte und dafür Verantwortliche gut daran, sich über die einschlägigen Regelungen zu informieren.

4.7.1 Rechtliche Vorgaben

In Deutschland ist die Zulässigkeit eignungsdiagnostischer Verfahren der Personalauswahl – also auch des Einstellungsinterviews – nicht gesetzlich geregelt (Püttner, 2014). Dies trifft auch auf die meisten anderen Länder zu

(Myors et al., 2008). Auch liegt kein eigenständiges Gesetzbuch vor, das arbeitsrechtliche Bestimmungen zusammenfassend regeln würde. Stattdessen muss die Gesetzeslage aus verschiedenen Gesetzesquellen und aus vorangegangener Rechtsprechung interpretierend erschlossen werden. Beispielsweise wird zumeist zur Klärung arbeitsrechtlicher Fragen nicht das allgemeine Prinzip des Privatrechts zugrunde gelegt (wie es im Bürgerlichen Gesetzbuch geregelt ist), in dem ein Verhältnis der Vertragspartner „auf Augenhöhe" unterstellt wird, sondern es werden Sonderregelungen zum Schutze des mutmaßlich schwächeren Vertragspartners geschlossen (Püttner, 2014).

Auch Auswahlgespräche haben sich rechtlichen Bestimmungen zu fügen (wenngleich nicht immer sehr eindeutigen)

Arbeitsrechtlich besteht ein Gleichbehandlungsanspruch seit Langem. Im Jahr 2006 wurde in Deutschland das Allgemeine Gleichbehandlungsgesetz (AGG) erlassen, das europäisches Recht umsetzt und konkret vorgibt, dass niemand aufgrund seiner Rasse, ethnischen Herkunft, des Geschlechts, der Religion oder Weltanschauung, Behinderung, des Alters oder der sexuellen Identität bei der Aufnahme oder Durchführung eines Beschäftigungsverhältnisses diskriminiert, d. h. benachteiligt werden darf. Regeln zum Diskriminierungsverbot existieren in vielen Ländern, wobei die Auswahl der ausdrücklich bezeichneten Aspekte recht unterschiedlich ausfällt. Tabelle 11 gibt eine Auswahl der bei Myors et al. (2008) zusammengetragenen Regelungen wieder.

„Nicht diskriminieren" bedeutet nun allerdings nicht zwangsläufig, dass nach einem entsprechenden Merkmal nicht gefragt werden darf. Geschlecht, zumindest das ungefähre Alter und eine schwere Behinderung sind selbst bei „anonymen" Bewerbungen spätestens bei der persönlichen Vorstellung erkennbar, in den USA darf sogar nach der „Rasse" und der Religionszugehörigkeit gefragt werden, obwohl alle diese Merkmale einem Diskriminierungsverbot unterliegen.

Wonach darf nun in einem Auswahlgespräch gefragt werden und wonach nicht? Sehr allgemein wird in Artikel 1 des Grundgesetzes (GG) die Würde des Menschen als unantastbar erklärt. Das setzt dem eignungsdiagnostischen Vorgehen dort Grenzen, wo es nicht durch die Anforderungen der Tätigkeit legitimiert ist, indem es ein Eindringen in die Intimsphäre verwehrt. Daraus und aus Artikel 2 GG lässt sich nach von Hoyningen-Huene (1997) ein Schutz vor „unangemessener charakterlicher Ausforschung" begründen, wobei im Abwägungsfall dem Persönlichkeitsschutz ein Vorrang vor betriebswirtschaftlichen Interessen eingeräumt wird. Für allgemeine Persönlichkeitstests ist das eine schlechtere Nachricht als für Auswahlinterviews, gleichwohl ist klar, dass sowohl persönlichkeitspsychologischer als auch allgemeinmenschlicher Neugier eine Grenze gezogen ist. In die Abwägung zwischen den verschiedenen Gütern kann auch die Art der zu besetzenden Position einbezogen werden, was eine persönlichkeitsbezogene Diagnose etwa für Führungskräfte eher rechtfertigt als bei einfacheren Tätigkeiten.

Tabelle 11:
Gegen Diskriminierung geschützte Kategorien in zehn Ländern (nach Myors et al. 2008, S. 231)

Land	Gegen Diskriminierung geschützte Kategorien									
	Rasse	Geschlecht	Nationale/ ethnische Abstammung	Hautfarbe	Alter	Religion	Behinderung	Politische Einstellung	Sexuelle Orientierung	Familienstatus
Belgien	x	x	x	x	x	x	x	x	x	x
Deutschland	x	x	x			x	x		x	
Frankreich	x	x	x		x	x	x	x	x	x
Griechenland	x		x		x	x			x	
Großbritannien	x	x	x	x	x		x			x
Indien		x					x			
Schweiz	x	x	x		x	x	x	x		
Südafrika	x	x	x	x	x	x	x	x	x	x
Türkei	x	x		x		x		x		
USA	x	x	x	x	x	x	x			

Grundsätzlich gilt für beide Parteien im Auswahlprozess eine gegenseitige Sorgfalts-, Rücksichts- und Diskretionspflicht, die sich aus dem vorvertraglichen Vertrauensverhältnis ergibt. Im Falle der Anwendung von Tests empfehlen Juristen, eine schriftliche Einwilligungserklärung einzuholen. Wenn jemand zum Vorstellungsgespräch eingeladen wird, so kann sein Erscheinen allerdings als „konkludente Einwilligung" ausgelegt werden, was eine weitergehende, ausdrückliche Zustimmung rechtlich gesehen entbehrlich macht. Eine weniger förmliche Art, sich der Zustimmung der Bewerber zu versichern, kann gleichwohl darin bestehen, dass man im Vorgespräch einen kurzen Abriss des geplanten Ablaufs, auch der Gesprächsteile, gibt und dann fragt: „Sind Sie damit einverstanden, dass wir so vorgehen?"

Bei einer Festlegung, welche Fragen im Interview zulässig sind und welche nicht, sind wir nun allerdings immer noch nicht angelangt. Der Grund ist: Es gibt dafür keine explizite Regelung. Eine gewisse Ausnahme könnte ein vollständig standardisiertes Auswahlgespräch sein, denn ein solches könnte der Betriebsrat als testartiges Verfahren bezeichnen und auf sein Recht zur Mitbestimmung pochen (das nicht definitiv existiert; nur die Mitsprache über die Auswahlprozedur allgemein ist vorgesehen). Generell mitbestimmungspflichtig ist hingegen der Personalfragebogen, deshalb gibt es hierfür Bestimmungen über die Zulässigkeit von Fragen bzw. Themen. Und da im Personalfragebogen weitgehend die gleichen Themen angesprochen werden wie im Auswahlgespräch, können diese Bestimmungen auch als Richtschnur für unsere Gespräche dienen. In Tabelle 12 sind die wichtigsten Fragenbereiche zusammengestellt. (Die für diese Zusammenstellung herangezogenen juristischen Quellen finden sich bei Schuler, 2014, S. 258.)

Heikel und bedauerlich ist eine Auswirkung des AGG, nämlich die dadurch verursachte Scheu der Arbeitgeber vor einem Feedback an die Bewerber. Wie unsere Erörterungen zur Bewerberperspektive zeigen werden, kann die beidseitige Offenheit im Auswahlprozess als wichtiger Aspekt der Fairness angesehen werden: Der Bewerber öffnet sich auf ungewöhnliche Weise seinem fragenden Gegenüber und kann dafür erwarten, dass man ihm mit annähernd der gleichen Offenheit entgegentritt. Dazu könnte auch gehören, dass man ihm – mit gebotenem Takt, aber im Prinzip auch ehrlich – die maßgeblichen Ablehnungsgründe mitteilt. Das könnte ihm helfen, vor weiteren Bewerbungen seine beruflichen Präferenzen zu überdenken, sich zum Vorstellungstermin besser vorzubereiten oder sich im Auswahlprozess günstiger zu verhalten. Doch Arbeitgeber scheuen sich jetzt noch mehr als früher, ein offenes Wort bezüglich ihrer Qualifikationseinschätzungen zu äußern. Wenn ihnen im Absageschreiben gar ein Lapsus unterläuft wie „Wir haben uns für eine jüngere Bewerberin entschieden", so müssen sie damit rechnen, dass sie auf eine Abfindungszahlung in Höhe von drei Monatsgehältern verklagt werden, so wie sie juristische Trittbrettfahrer zu einer Abmahnung ermuntern, wenn sie diesen Besetzungswunsch schon in der Stellenausschreibung erkennen lassen.

Leider ist Feedback an die Bewerber zu einer heiklen Angelegenheit geworden

Die Rechtslage für Personalfragebogen als analoge Orientierungshilfe

Tabelle 12:
Fragenbereiche im Personalfragebogen und ihre rechtliche Zulässigkeit (aus Schuler, 2014, S. 258 f.)

Fragenbereich	zulässig, Beispiel	unzulässig, Beispiel
allgemeine identifizierende Merkmale	Name, Anschrift, Geburtsdatum	
Rechtsstatus	Staatsangehörigkeit, Kranken- und Rentenversicherung	
Familie	Familienstand, Geburtsdaten von Ehepartner und Kindern	Heiratsabsichten, intime Beziehungen
Bildungsweg	Ausbildung, Zeugnisnoten, Lehrgänge	
bisherige Berufstätigkeit	Arbeitsplätze, Arbeitgeber, Kontinuität	
fachliche Qualifikation	Kenntnisse, Fertigkeiten, Erfahrung	
Einkommen	letztes Einkommen	falls ohne Bezug zur Eignung
Vermögensverhältnisse	bei leitenden Angestellten und in Vertrauensstellungen	falls ohne Bezug zur Position
Wettbewerbsverbot	diesbezüglich besteht sogar Offenbarungspflicht des Bewerbers	
Urlaubsanspruch	gewährter oder abgegoltener Urlaub	
Wehr-/Zivildienst	zulässig	
Vorstrafen	bei Einschlägigkeit; z. B. Unterschlagung bei Kassierer	bei mangelnder Einschlägigkeit
Religions- und Parteizugehörigkeit	in Tendenzbetrieben, z. B. konfessionelle Einrichtungen, politische Parteien	ansonsten grundsätzlich unzulässig
Gewerkschaftszugehörigkeit	in Tendenzbetrieben, etwa Arbeitgeberverbänden; bei Interessenskollision (leitenden Angestellten); wegen Tarifbindung; bei betrieblichem Beitragseinzug	ansonsten grundsätzlich unzulässig
Schwangerschaft	in Sonderfällen (z. B. Infektionsgefahr, Tänzerin)	nach europäischem Recht ansonsten grundsätzlich unzulässig
Gesundheitszustand	bei Bedeutung für die Arbeitstätigkeit und Leistungsfähigkeit; gefährliche Infektionskrankheiten (z. B. Tbc, Aids)	allgemein gehaltene Fragen über frühere und derzeitige Krankheiten
Schwerbehinderung	zulässig	

Umso wichtiger ist es, im Einstellungsinterview den Bewerbern zur Selbsterkenntnis zu verhelfen, ihnen den Vergleich ihres Selbstbildes mit den Stellenanforderungen zu ermöglichen, beispielsweise durch den Einsatz situativer Fragen und durch realistische Darstellung der Tätigkeit und der Organisation.

4.7.2 Vorrechtliche Regelungen

Bezüglich psychometrisch konstruierter Verfahren – namentlich für Tests – verfügt die Berufseignungsdiagnostik über relativ strikt formulierte Qualitätsstandards. Sie sind zwar nicht rechtlich verbindlich, haben aber fachinternen Richtliniencharakter. Sie sollen sicherstellen, dass in Forschung und Praxis genutzte Instrumente den aktuellen wissenschaftlichen Möglichkeiten entsprechen, den Verwendern gewährleisten, dass sie tatsächlich brauchbare Verfahren einsetzen, und im Streitfall klären helfen, ob *lege artis* vorgegangen wurde. An derlei Standards orientieren sich heute seriöse Anbieter von Fähigkeits- und Persönlichkeitstests sowie von Verfahren wie biografischen Fragebogen und Situational Judgment-Tests. In gewissem Maße trifft dies auch auf Assessment Center zu.

Lediglich das Einstellungsinterview scheint qualitätsbezogen „vogelfrei" zu sein. Insbesondere in seiner traditionellen, ad hoc vorbereiteten, frei geführten und intuitiv ausgewerteten Form lässt es den Durchführenden viele Möglichkeiten offen, zu erfragen, wonach ihnen der Sinn steht, sei es nun anforderungsbezogen oder nicht, sich an trivialpsychologischen Modekonzepten wie Helikopterfähigkeit und emotionale Intelligenz zu orientieren, ihren eigenen psychologischen und physiognomischen Hypothesen zu folgen und ihren Präferenzen wie Abneigungen – um nicht zu sagen, Vorurteilen, freien Lauf zu lassen. Auf strukturierte Interviews treffen diese Unzulänglichkeiten prinzipiell nur eingeschränkt zu, allerdings sind auch von ihnen nur wenige nach strikten psychometrischen Prinzipien konstruiert; die meisten Verfahren bedienen sich nur weniger der in Abschnitt 2.3 aufgezeigten Strukturelemente, und nur in seltenen Ausnahmefällen sind sie nach testtheoretischen Prinzipien konstruiert und validiert.

Auch für Einstellungsinterviews existieren vorrechtliche Regelungen

Welche explizit formulierten Anforderungen bezüglich eignungsdiagnostischer Vorgehensweisen existieren nun, die – auch wenn nicht ausdrücklich auf Einstellungsinterviews bezogen – doch auch auf diese Anwendung finden können? Die erste gründliche Vorgabe dieser Art waren die *Standards for Educational and Psychological Testing*, die seit 1954 von der American Psychological Association in Kooperation mit zwei anderen Verbänden herausgegeben und von Zeit zu Zeit revidiert werden. Die Sektion Arbeits-, Betriebs- und Organisationspsychologie im BDP hat 1980 *Grundsätze für die Anwendung psychologischer Eignungsuntersuchungen in Wirtschaft und Verwaltung* herausgegeben; aktueller und detaillierter sind die *Principles for the validation and use of personnel selection procedures* ihres amerikanischen Pendants, der Society for Industrial and Organizational Psychology (2003).

DIN 33430 regelt den Prozess der Konstruktion und Anwendung eignungsdiagnostischer Verfahren

Als einflussreich hat sich die Normierung eignungsdiagnostischer Prozesse durch das Deutsche Institut für Normung (2002; DIN 33430) erwiesen. Sie soll Anbietern wie Auftraggebern von Eignungsfeststellungen, Personalverantwortlichen und Kandidaten Orientierung und Schutz vor unsachgemäßen Verfahrensweisen bieten und gilt nicht nur für Psychologen, sondern für alle mit Eignungsdiagnostik Befassten. Die Gliederung der DIN 33430 lautet: (1) Anforderungen an Verfahrensweisen; (2) Planung von berufsbezogenen Eignungsbeurteilungen; (3) Auswahl und Zusammenstellung von Verfahren; (4) Durchführung, Auswertung und Interpretation der Verfahrensergebnisse sowie Urteilsbildung; (5) Dokumentation; (6) Anforderungen an die Qualifikation der an der Eignungsbeurteilung beteiligten Personen. Wie im Regelwerk betont wird, handelt es sich nicht um eine Verfahrensnorm, sondern um eine Prozessnorm. Es wird also der Prozess geregelt, auf dem Eignungsdiagnosen zustande kommen.

Mittlerweile steht eine ganze Reihe von Publikationen zur Verfügung, die über die DIN 33430 informieren und bei ihrer Anwendung unterstützen, z. B. Kanning (2004) sowie Westhoff, Hagemeister, Kersting, Lang, Moosbrugger, Reimann und Stemmler (2010). Der Leitfaden „DIN Screen" (Kersting, 2006) gibt Hilfestellung bei der Beurteilung, ob ein eignungsdiagnostischer Prozess den Qualitätsstandards der DIN 33430 genügt. Hierfür werden Checklisten angeboten, die den Gliederungsabschnitten der Norm folgen und sehr konkrete Hinweise geben.

Nicht verschwiegen werden soll, dass der Nutzen dieser Norm vor allem in der Praxis umstritten ist (was noch mehr für die Zertifizierung gilt, die häufig von fachfremden Institutionen durchgeführt wird). Von ihren Befürwortern wird Einfluss auf die Rechtsprechung erwartet, weil für richterliche Urteile in Ermangelung klarer gesetzlicher Vorgaben Regelungen wie die DIN 33430 als Orientierungsrahmen genutzt werden und weil in Verträgen bei der Beschreibung der zu erbringenden personaldienstlichen Leistung darauf Bezug genommen werden kann (Püttner, 2014).

Ein weitergehender Überblick über diese und andere Normen und vorrechtliche Qualitätsrichtlinien findet sich bei Kersting (2014). Regeln, die sich spezifisch auf das Einstellungsinterview richten, wurden vom Arbeitskreis Assessment Center formuliert (Strobel, Lammerskitten & Glodek, 2010).

Die Interviewstandards des Arbeitskreises Assessment Center (nach Strobel, Lammerskitten & Glodek, 2010, S. 28)

Standard 1: Auftragsklärung. Vor dem Einsatz von Interviews werden Ziele, Rahmenbedingungen und Konsequenzen geklärt und an die beteiligten Personen kommuniziert.

Standard 2: Arbeits- und Anforderungsanalyse. Ein Interviewprozess lässt sich nur nach Analyse der konkreten Anforderungen sinnvoll gestalten.

Standard 3: Interviewdesign. Im Interviewdesign werden die Ergebnisse aus Auftragsklärung und Anforderungsanalyse in eine strukturierte und sozial angemessene Dialogsituation umgesetzt.

Standard 4: Vorbereitung und Training der Interviewer. Nur qualifizierte und gut vorbereitete Interviewer können fundierte Entscheidungen treffen und das Unternehmen angemessen repräsentieren.

Standard 5: Durchführung. Die konsequente Umsetzung des Interviewdesigns und die Anwendung geeigneter Techniken der Gesprächsführung gewährleisten einen transparenten und zielführenden Ablauf.

Standard 6: Protokollierung und Auswertung. Auf der Grundlage einer sorgfältigen Protokollierung der Gesprächsinhalte werden die erhobenen Informationen systematisch und anforderungsorientiert ausgewertet und zu einer Entscheidung verdichtet.

Standard 7: Feedback. Ein individuelles und anforderungsorientiertes Feedback ist unerlässlich.

Standard 8: Dokumentation und Evaluation. Ergebnisse werden so dokumentiert, dass diese für Dritte nachvollziehbar und für durchzuführende Evaluationen verfügbar sind.

4.8 Bewerberperspektive

It takes two to tango!

In den letzten Jahren war eine Veränderung des Arbeitsmarkts zu beobachten. Kam zuvor auf die meisten ausgeschriebenen Stellen eine große Zahl an Bewerbern, so beklagen heute viele Arbeitgeber, es sei schwierig, qualifizierte Mitarbeiter zu finden. Dadurch wird gute Personalauswahl natürlich nicht obsolet, denn selbst wenn sich nur ein einziger Bewerber melden sollte, muss geprüft werden, ob er für die fragliche Stelle geeignet ist. Falls nicht, sucht man weiter, verbessert die Arbeitsbedingungen, bündelt die Tätigkeiten und Anforderungen anders oder bemüht sich auf andere Weise, die Attraktivität des Stellenangebots zu erhöhen.

Eine Konsequenz des veränderten Arbeitsmarkts könnte sein, dass Arbeitgeber und ihre mit der Personalauswahl Beauftragten eine veränderte Einstellung zu Bewerbern entwickeln, diese nicht länger als Bittsteller ansehen, mit denen man vom hohen Ross herab umgehen kann und die auch eine unwürdige Behandlung hinnehmen, um ihre Einstellungschancen zu wahren. Es mag keine ethisch lobenswerte Motivation sein, andere nur um des eigenen Vorteils willen anständig zu behandeln, aber immerhin ist es ein möglicher Ausgangspunkt zu Empathie und Fairness, also zu rücksichtsvoller Behandlung von Bewerbern und zu Interesse an ihrem Wohlergehen. Wir wollen hoffen, dass zusätzlich andere Motive zu respektvollem Umgang mit den Bewerbern beitragen. In einer Befragungsstudie von König, Klehe, Berchtold und Kleinmann (2010) kam jedenfalls der Bewerberreaktion sogar knapp vor den Kosten die größte Bedeutung für die Verfahrensentscheidung der Verwender zu.

Einen weiteren Zugang zum Interesse an der Sichtweise von Bewerbern könnten wir als spieltheoretischen Ansatz bezeichnen. Der Grundgedanke ist hier, dass Arbeitgeber (oder deren Beauftragter) und Bewerber sich in einer Entscheidungssituation befinden, in der sie nur teilweise übereinstimmende Interessen haben, woraus sich verschiedene Einschätzungen und Verhaltensweisen ableiten. Wir können vier Fälle unterscheiden:

Nicht immer ziehen zwei am gleichen Strang in die gleiche Richtung

1. Ein hochqualifizierter Bewerber bekommt ein Stellenangebot. Dies ist das Ziel beider Parteien.
2. Ein gering qualifizierter Bewerber wird abgelehnt. Dies liegt in der Absicht der Organisation, nicht aber in der des Bewerbers.
3. Ein hochqualifizierter Bewerber wird abgelehnt. Das ist für beide Seiten ungünstig, wird aber nur vom Bewerber als unglücklich empfunden, vom Arbeitgeber oftmals nicht einmal erkannt.
4. Ein gering qualifizierter Bewerber bekommt ein Stellenangebot. Dies ist der „worst case" für die Organisation, der Bewerber ist darüber (zunächst einmal) zufrieden.

Nur in einem der vier denkbaren Fälle decken sich also Zielsetzung und Einschätzung der beiden Parteien. Gleichzeitig versuchen sich beide attraktiv darzustellen: die Organisation, um Bewerber, die sie für qualifiziert hält, als Mitarbeiter zu gewinnen (Fall 1); die Bewerber, um die Entscheidungen 1 und 4 zu erreichen und um die Fälle 2 und 3 zu vermeiden. Seitens der Organisation ist man besonders kritisch – und gewichtet deshalb negative Informationen im Auswahlgespräch stärker als positive –, weil man vor allem den Fall 4 vermeiden möchte; es ist der einzige Fehler, den man später zu spüren bekäme.

Wir haben also verschiedenartige Gründe – ethisch-menschliche, ökonomische, entscheidungstheoretische –, uns auch mit der Seite des Bewerbers in der Einstellungssituation, und damit vor allem im Einstellungsinterview, zu befassen.

4.8.1 Erleben des Interviews

Bereits vor Jahrzehnten wurde der Reaktion auf Auswahlverfahren erste Aufmerksamkeit zuteil. Beispielsweise fanden Schmitt und Coyle (1976), dass die Person des Interviewers wesentlichen Einfluss darauf hat, ob Be-

werber ein Stellenangebot annehmen. Fruhner und Schuler (1987) ließen die verschiedenen Auswahlverfahren von ihren Probanden in eine Präferenzrangreihe bringen. Sie lautete:
1. Vorstellungsgespräch,
2. Arbeitsproben,
3. Praktikumsleistung,
4. Zeugnisnote,
5. psychologischer Eignungstest,
6. Lebenslauf,
7. Handschrift,
8. Losverfahren.

In vielen nachfolgenden Untersuchungen ergaben sich gleiche oder sehr ähnliche Ergebnisse, sodass zwei Jahrzehnte später zwei Metaanalysen zu dieser Frage berechnet werden konnten. Ihre Ergebnisse sind in Tabelle 13 aufgelistet. Sie weisen in dem einen Fall das Einstellungsinterview, im anderen die Arbeitsprobe als bevorzugtes Verfahren aus. Assessment Center waren in diesen Metaanalysen nicht enthalten; wir können vermuten, dass ihnen die Kategorie „Arbeitsproben" am nächsten kommt, zumal sich ähnlich positive Bewertungen mehrfach auch für das multiple Verfahren ergeben haben. Das Assessment Center war es auch, das Schuler und Stehle (1983) zur Konzeption der „sozialen Validität" führte. Dort wurde dargelegt, dass es vor allem vier Aspekte seien, die aus einem Auswahlprozess eine sozial verantwortliche und gut akzeptierte Vorgehensweise machen: Information, Partizipation/Kontrolle, Transparenz und Urteilskommunikation/Feedback (s. Abschnitt 1.5).

Einstellungsinterviews gehören auch bei Bewerbern zu den bevorzugten Auswahlverfahren

Tabelle 13:
Metaanalytisch ermittelte Verfahrenspräferenzen

Hausknecht et al. (2004, S. 659)	Anderson et al. (2010, S. 296)
1. Einstellungsinterviews	1. Arbeitsproben
2. Arbeitsproben	2. Einstellungsinterviews
3. Bewerbungsunterlagen	3. Bewerbungsunterlagen
4. Referenzen	4. Intelligenztests
5. Intelligenztests	5. Referenzen
6. Persönlichkeitstests	6. biografische Fragebogen
7. biografische Fragebogen	7. Persönlichkeitstests
8. persönliche Kontakte	8. Ehrlichkeitstests
9. Ehrlichkeitstests	9. persönliche Kontakte
10. Grafologie	10. Grafologie

Was macht Einstellungsinterviews sozial valide?

Was trifft nun davon auf das Auswahlgespräch in besonderen Maße zu? Der Aspekt der *Information* bezieht sich darauf, dass dem Bewerber Kenntnis gegeben wird über die Aufgabenbereiche der Tätigkeit, über erfolgskritische Anforderungen, über die wichtigsten Merkmale der Organisation, ihre Kultur und den bevorzugten Führungsstil sowie über Möglichkeiten persönlicher und beruflicher Entwicklung. Die Aussage dürfte nicht übertrieben sein, dass kein anderes Auswahlverfahren diesen Gesichtspunkten so gut gerecht werden kann wie das persönliche Gespräch, zumal es auch die besten Möglichkeiten zur unmittelbaren Nachfrage bietet und zumal mündlich vermittelte Informationen gewöhnlich für glaubwürdiger gehalten werden denn schriftliche.

Mit *Partizipation/Kontrolle* ist im engeren Sinn die Beteiligung an der Gestaltung der Auswahlsituation gemeint, im weiteren Sinne die Möglichkeit, Kontrolle über ihren Ablauf und vor allem über das eigene Verhalten auszuüben. Auch diesbezüglich ist das Interview anderen Methoden insofern überlegen, als diese zumeist Stimuli vorgeben, auf die in engen Formaten zu reagieren ist (Tests, Fragebogen) oder deren Entscheidungsgrundlage vergangenes Verhalten oder Ergebnisse sind (Zeugnisse, Referenzen). Kontrolle hat man nur noch über eine Situation, die vor einem liegt und der selbstverantworteten Gestaltung harrt – auch wenn das subjektive Kontrollempfinden die faktischen Gestaltungsmöglichkeiten oftmals überschätzen mag.

Das Bedürfnis nach *Transparenz* bewegt Menschen in allen Zusammenhängen, die Auswirkungen auf ihr Wohlergehen haben können. In Auswahlsituationen richten sich diese Erwartungen darauf, dass Klarheit über die handelnden Personen, Bewertungs- und Entscheidungsprinzipien sowie besonders über die Tätigkeitsrelevanz des Auswahlverfahrens besteht. Auch ist ein Auswahlprozess transparenter, der eine realistische, anforderungsbezogene Selbstbeurteilung unterstützt. In letzterer Hinsicht dürften Arbeitsproben und Assessment Center noch besser abschneiden als Interviews, insgesamt können diese aber als relativ transparente Instrumente erscheinen, insbesondere wenn eine explizite Tätigkeitsinformation – in direkter Form oder als situative Fragen – enthalten ist.

Urteilskommunikation/Feedback bezieht sich auf den (selbst-)diagnostischen Gehalt durch die Verfahren und die Beurteiler, sie sollte gleichzeitig offen und rücksichtsvoll erfolgen, was nicht immer einfach, aber besonders dann möglich ist, wenn sie sich auf konkret beobachtbares Verhalten bezieht. Hierin liegt eine besondere Stärke von Arbeitsproben und deren Zusammenfügung im Assessment Center, zu dessen Prinzipien seit Langem das Feedback durch die Beobachter zählt (ungeachtet dessen, dass Beobachter, aber auch Teilnehmer die Reliabilität dieser Verhaltensbeobachtungen oft drastisch überschätzen). Hinzu kommt im Assessment Center der mögliche soziale Vergleich mit anderen Teilnehmern. Im Einstellungsinterview könnte – man ist geneigt zu sagen, sollte – ein solches Feedback ebenfalls möglich sein und gegeben werden. Dies ist allein aufgrund der genannten arbeitsrechtlichen Vorgaben und Fußangeln erschwert und wird deshalb kaum noch praktiziert. Ersatz können Fragen sein, die Aufschluss über den Schwierigkeitsgrad der Tätigkeit geben und damit die realistische Selbsteinschätzung begünstigen.

Einstellungsinterviews sind also potenziell valide und auch gut akzeptierte Verfahren der Personalauswahl. Während in diesem Text allerdings ansonsten den strukturierten Interviews ein Loblied gesungen wird, weil sie klar überlegene Validität zeigen, muss an dieser Stelle ein wenig Wasser in den Wein geschüttet werden: Die Reaktion der Bewerber ist im Großen und Ganzen etwas positiver auf frei geführte Auswahlgespräche. Gary Latham, der Initiator des situativen Interviews, hat dies als Erster erkannt und zugegeben, als er das von ihm propagierte Verfahren mit freien Interviews verglichen hat (Latham & Finnegan, 1993). Spätere Untersuchungen haben dies teilweise bestätigt, sind aber auch zu abweichenden Ergebnissen gekommen. Die wahrscheinliche Erklärung für diese Unklarheit ist, dass Lathams Interviews ausschließlich aus situativen Fragen bestehen, was sie zu testähnlichen Instrumenten (mit geringer Situationskontrolle seitens des Bewerbers!) macht, während in anderen Fällen auch aufgelockerte Verfahren zum Einsatz kommen. Der Überblick von Levashina, Hartwell, Morgeson und Campion (2014) kommt zum Schluss, dass in der Mehrzahl der Fälle strukturierte Interviews etwas weniger gut akzeptiert werden als frei geführte Gespräche. Der Rat, sich aus dieser Zwickmühle zu befreien, muss deshalb lauten, den Interviewer nicht zum reinen Testfragenableser zu degradieren, sondern ein strukturiertes Auswahlgespräch in der Weise zu führen, dass auch freie Gesprächsteile, Eigenaktivität des Bewerbers in Form von Selbstvorstellung und Fragemöglichkeiten sowie gründliche Information über Aufgabe und Organisation vorgesehen werden.

Abwechslung zwischen verschiedenen Gesprächskomponenten kann die Akzeptabilität verbessern

4.8.2 Bewerbertraining

Es gibt eine Vielzahl von Ursachen dafür, dass Auswahlverfahren keine perfekt validen Ergebnisse liefern: mindere Verfahrensqualität, unqualifizierte Interviewer, unterschiedliche Erfahrung mit Auswahlsituationen, unzulängliche Kriterien, an denen später der Erfolg gemessen wird, Veränderungen der Kompetenzen in der Zeit bis zur Erfolgsmessung und manches mehr. Manche Beeinträchtigungen sind zufälliger Art (wie es die klassische Testtheorie unterstellt), andere systematischer Art (z. B. der Einsatz eines alterssensitiven Tests für verschiedene Alterskohorten, ohne auch altersdifferenzierte Normen zu verwenden). Zu den Fehlereinflüssen, die nicht nur systematisch sind, sondern noch dazu vorsätzlich herbeigeführt werden, gehört das Training von Bewerbern.

Die Vorteile, die trainierten Bewerbern zuteilwerden, kommen jenen gleich, die Kinobesucher genießen, die aufstehen, um besser zu sehen – sie gehen zulasten der anderen Besucher, die dadurch schlechter sehen. Komparative Vorteile gehen immer dann zulasten anderer, wenn nicht an einer festen Kriteriennorm gemessen wird (jedes Kind, das 50 Meter frei schwimmen kann, bekommt ein Seepferdchen-Abzeichen), sondern an einer Verteilungsnorm (die besten drei Sportler gewinnen Medaillen). Die Auswahl von Mitarbeitern erfolgt fast immer gemäß einer Verteilungsnorm (evtl. nach unten abgesichert durch einen feststehenden Wert der Basisanforderungen): der Beste oder die Besten werden eingestellt. Wenn nun das Training wirksam ist, ist zu erwarten, dass sich die tatsächlich qualifikationsgerechte Rangreihe der Bewerber ändert und der trainierte Bewerber auf einem Rangplatz landet, der ihm eigentlich nicht zusteht – zu Lasten anderer Bewerber. Wir unterstellen dabei, dass das Interviewtraining nicht gleichzeitig die Berufsqualifikation verändert, sondern sich allein auf das Verhalten im Bewerbungsgespräch auswirkt. In diesem Fall wird der Vorteil für den trainierten Bewerber mit der Täuschung der auswählenden Organisation und der Benachteiligung der anderen Bewerber erkauft. Die Motivation für diese Manipulation ergibt sich daraus, dass man Absolventen der eigenen Universität einen Vorteil am Arbeitsmarkt sichern möchte, dass man als Forscher auf einfache Weise Versuchspersonen gewinnen will, oder einfach, um Geld damit zu verdienen. Es mag auch Trainer geben, die ehrlich davon überzeugt sind, dass es der Personalauswahl generell an jedweder Validität mangele, und deshalb ihre Unterstützung als gerechtfertigt ansehen. Sie irren gleich in doppelter Weise.

Bewerbertraining kann bedeuten, Bewerbern Illusionen zu machen und Arbeitgeber zu betrügen

Interviewtrainings haben sich tatsächlich als wirksam in dem Sinne erwiesen, dass die Trainierten in Interviews besser abschneiden als untrainierte Personen (z. B. Maurer, Solamon & Lippstreu, 2008). Auch wird in der Forschungsliteratur von Trainings berichtet, durch die es gelang, nicht nur das Interviewergebnis zu verbessern, sondern sogar die Validität der Personalauswahl zu erhöhen (z. B. Maurer & Solamon, 2006). Ein solches Ergebnis kann dadurch zustande kommen, dass entweder auch Fähigkeiten trainiert werden, die im Beruf gebraucht werden, oder indem durch das Training ungerechtfertigte Benachteiligungen von Bewerbern beseitigt werden (z. B. weil sie ansonsten aufgrund ihres schüchternen Auftretens unterschätzt worden wären). Möglicherweise spiegelt sich darin auch wider, dass Personen, die von einem Training stärker profitieren, über Eigenschaften verfügen, die auch in anderen Kontexten nützlich sind, wie Lernbereitschaft, Merkfähigkeit, soziale Kompetenz (im Sinne der Fähigkeit, sich sozial angemessen zu verhalten).

Bereits Arvey und Campion (1982) berichten von einem Interviewtraining, mit dem auch diese Ziele verfolgt wurden. Dabei wurden trainiert bzw. als Trainingsmethode eingesetzt:

- verbales Verhalten, z. B. Antwortwendungen,
- nonverbales Verhalten, z. B. Blickkontakt,

- Abfassen von Bewerbungen,
- Ausfüllen von Personalfragebögen,
- behavior modeling,
- Rollenspiele,
- direktives Feedback,
- Vorträge (Sachinformation über Interviews und Personalauswahl),
- Diskussionen,
- Interviewsimulationen,
- gepflegtes Äußeres,
- Video-Feedback,
- Treatment-Kombinationen, z. B. Modeling + Rollenspiel + Video-Feedback.

Eine positive Wirkung auf das Abschneiden in Interviews dürfte auch die schiere Erfahrung der Teilnahme an früheren Auswahlgesprächen haben. Für Einstellungsinterviews sind allerdings keine Forschungsergebnisse hierzu dokumentiert. Für Assessment Center wurde ein Vorteil erfahrener Bewerber von knapp einer halben Standardabweichung ermittelt (das bedeutet, dass ein Kandidat mit genau mittlerer Qualifikation bei nachfolgenden Verfahrensteilnahmen etwa zwei Drittel aller Bewerber hinter sich lässt; Kelbetz & Schuler, 2002). Für die Wiederholung von Tests werden teilweise geringere, zum Teil aber auch weitaus höhere Effekte berichtet. Erwartet man analog auch für das Einstellungsinterview eine Verbesserung durch Erfahrung, so müsste man eigentlich von routinierten Kandidaten mehr fordern als von ungeübten.

4.8.3 Wie Bewerber interviewen können

Fragen von Seiten der Bewerber: Es kann sich lohnen, den Spieß umzudrehen

Es entspricht den Tatsachen und fördert das Selbstvertrauen eines Bewerbers, wenn er sich vor einem Bewerbungstermin vor Augen führt, dass nicht nur das Unternehmen sich entscheidet, einen Bewerber einzustellen oder abzulehnen, sondern dass er auch seinerseits eine Entscheidung zu treffen hat. Eher im Ausnahmefall wird es so sein, dass er entschlossen ist, ein etwaiges Einstellungsangebot auf alle Fälle anzunehmen; in allen übrigen Fällen ist das Einstellungsinterview eine gute Gelegenheit, auch die betreffende Organisation in Person des Gesprächspartners auf den Prüfstand zu stellen. Er kann davon ausgehen, dass seine Fragen willkommen sind und auch positiv bewertet werden, besonders wenn es sich um kluge Fragen handelt, die gründliche Information über das Unternehmen erkennen lassen, sich auf Gegenstände beziehen, die auch im Unternehmen selbst als wichtig angesehen werden, und die zudem in höflicher Form gestellt werden, auch wenn sie kritische Punkte betreffen. Günstig ist es auch, dass diese Fragen „echtes“ Interesse signalisieren, was eher unterstellt wird, wenn es sich um den Aufgaben- und Verantwortungsbereich als um die Sozialleistungen handelt.

Welche Fragen sollte nun der Bewerber stellen, und in welcher Form sollte er das tun? Grundlage ist zunächst die Information über das betreffende Unternehmen. Dieser Schritt sollte eigentlich schon der Bewerbung vorausgegangen sein, er ist aber vor einem Vorstellungstermin oft noch zu ergänzen. Danach kann man sich als Bewerber eine Checkliste der Punkte anfertigen, über die man informiert sein bzw. die man bestätigt haben möchte. Sie kann beispielsweise folgendermaßen aussehen:

Themen für Bewerberfragen (Schuler, 2002, S. 255)

Die wichtigsten Punkte, die der Bewerber angesprochen wissen möchte, können bereits vor dem Gespräch fixiert werden. Eine solche Liste könnte im Kern folgendermaßen aussehen, ist aber dem Einzelfall anzupassen.

1. Tätigkeit (z. B. Aufgaben, Stellenbeschreibung; Möglichkeit, eigene Kompetenzen zu nutzen)
2. Verantwortungsbereich und Abgrenzung (z. B. Befugnisse, Vollmachten, Handlungsspielraum, Entscheidungskompetenzen)
3. Besonderheiten und Arbeitsbedingungen (z. B. Arbeitszeit, Innen-/Außendienst, Reisetätigkeit, Auslandseinsätze, Gesundheitsgefahren)
4. Ziele und Aufgaben übergeordneter Einheiten (z. B. Leistungsziele der Abteilung, Zusammenarbeit mit anderen Bereichen)
5. Einordnung der Position (z. B. hierarchische Stellung, Zuordnung, Vorgesetzte, Mitarbeiter, Berichtsregelung)
6. Entwicklungsmöglichkeiten (z. B. Karriereplan, Fortbildung, Auslandseinsatz, Job-Rotation, Förderprogramme)
7. Unternehmen (z. B. Bilanz, Zielsetzung, Wachstumspotenzial, Produktplanung, Marktstellung)
8. Führungsaufgaben (z. B. Zahl der Mitarbeiter, Führungskompetenzen, Personalentwicklung)
9. Führungs- und Interaktionsstil (z. B. Führungsprinzipien, Kontakthäufigkeit, Anrede, Selbstständigkeit)
10. Gehalt (z. B. Festgehalt, Zulagen, Leistungsabhängigkeit, absehbare Gehaltsentwicklung)
11. Sicherheit (z. B. Sicherheit des Arbeitsplatzes, Fusionsaussichten, Stellenpläne)
12. Sozialleistungen (z. B. Alters- und Krankenversorgung, Urlaubsregelung, Weihnachtsgeld, Umzugskosten)
13. weitere Sozialleistungen (z. B. Betriebskrankenkasse, kulturelle Einrichtungen, Betriebskindergarten)
14. Status (z. B. Titel, Sonderrechte, Gremien, Freiheiten, Dienstwagen, Ausstattung)
15. Standort (z. B. Wohnungsmarkt, Schulen, Kulturangebot, Einkaufsmöglichkeiten)
16. positionsbedingte Besonderheiten (z. B. Außendienst: Verkaufshilfen, Umsatzverlauf, Provisionen, Wettbewerb)

Welche Fragen sind besonders wichtig? Das ergibt sich erstens aus demselben Vergleich, den auch das Unternehmen anstellt: Wie passen Person und Arbeitsplatz (d. h. Arbeitstätigkeit und Organisation) zusammen? Je besser der Bewerber seine eigenen Fähigkeiten und Interessen kennt, desto besser wird er diesen Vergleich anstellen können. Und zweitens sind diejenigen Fragen wichtig, von deren Beantwortung die Entscheidung abhängt, ob man dieser Organisation beitreten möchte. Das können Aufstiegsmöglichkeiten sein oder das Gehalt, die Vorgesetzten und deren Führungsstil oder das Zusammenpassen der Werthaltungen mit den eigenen Einstellungen. Was wirklich entscheidend ist, kann nur der Bewerber selbst festlegen. Aber er sollte sich darüber im Klaren sein, bevor er in das erste oder entscheidende Gespräch geht. Er sollte – auch hier gilt für ihn das Gleiche wie für den Interviewer – sich nicht nur auf seine Fragen vorbereiten, sondern auch darauf, was er mit den Antworten anfängt. Das kann so weit gehen, dass er sich Bewertungen für mögliche Antworten ausdenkt, die als Antwortverankerungen dienen. Ein Beispiel hierfür gibt die untenstehende situative Frage. Sie ist inhaltlich sehr spezifisch formuliert, kann aber dem Bewerber viel weiter reichenden Aufschluss darüber geben, wie der betreffende Arbeitgeber mit seinen Mitarbeitern umgeht.

Auch für Bewerber lohnt es sich, die Formulierung eigener Fragen zu üben

Situative Frage, die ein Bewerber stellen könnte (Schuler, 2002, S. 260)

Stellen Sie sich bitte vor, Sie hätten einen jungen Ingenieur wie mich für zwei Jahre nach China geschickt, um eine große Destillationsanlage aufzubauen. Zur Zeit seiner Rückkehr stellt sich heraus, dass an der für ihn vorgesehenen Stelle kein Bedarf mehr besteht. Was würden Sie in diesem Fall tun?

Bewertungshinweise:
1 – So etwas kann immer nur von Fall zu Fall entschieden werden. Da wird sich schon etwas finden.
2 –
3 – Gerade jemand mit Auslandserfahrung im Anlagenbau hat bei uns gute Chancen, nach seiner Rückkehr eine Position zu finden, die seiner Qualifikation gerecht wird.
4 –
5 – Teil unseres Entsendungsprogramms ist auch die Reintegration nach jedem Auslandsaufenthalt. Dieses Programm wird für jeden Mitarbeiter laufend aktualisiert, sodass keine bösen Überraschungen entstehen können. So ist das Risiko für Mitarbeiter im Ausland nicht größer als für diejenigen am Heimatstandort.

Selbstverständlich eignen sich ebenso alle übrigen in Abschnitt 4.2 vorgestellten Fragentypen auch für Fragen seitens des Bewerbers. Bei manchen wird es sich um einfache, *geschlossene Fragen* handeln wie etwa: „Mit welcher Programmversion wird bei Ihnen gearbeitet?“ Mehr erfährt auch ein Bewerber zumeist, wenn er offene Fragen einsetzt wie „In welche Produktlinien planen Sie in nächster Zeit vorrangig zu investieren?“ oder, ebenfalls heikel, „Wo sieht man in Ihrem Hause die Grenzen kooperativer Führung?“

Auch die Form der *Alternativenfragen* kann Einsatz finden: „Wäre es für Sie akzeptabel, wenn ich meine derzeit engsten Mitarbeiter mitbringe, oder würden Sie es vorziehen, mir Ihre besten Kräfte für diese Aufgabe zuzuordnen?“ In dieser Frage wird einerseits Kompromissbereitschaft zum Ausdruck gebracht, andererseits zugleich ein Anspruch ausgedrückt, der dem Gegenüber abverlangt, Farbe zu bekennen. Dort, wo der eigene Anspruch nicht verhandelbar ist, kann es von Vorteil sein, ihn in eine *Suggestivfrage* zu kleiden: „Ich nehme an, dass für leitende F&E-Mitarbeiter auch bei Ihnen das Prinzip gilt, dass sie die Fachtagungen selbst bestimmen können, die sie besuchen wollen?“

Eine anspruchsvolle Fragetechnik ist auch in dieser Richtung die *Schwächenanalyse*. Eine platte Formulierung treibt den Unternehmensvertreter ebenso in eine defensive Haltung wie einen Bewerber. Insofern verlangt dieser Vorstoß einiges Geschick, das, wenn man sich nicht als rhetorisches Naturtalent sieht, der Vorbereitung und Übung bedarf. Eine zielführende Formulierung könnte etwa lauten: „Nach der Diversifikation sieht Ihre Produktpalette ja sehr gut abgerundet aus. An welcher Stelle sehen Sie derzeit noch den größten Entwicklungsbedarf?“ Oder: „In welchem Bereich geht es noch nicht ganz so gut voran, wie Sie es sich wünschen würden?“

Auswahl und Einstellungsverhandlung „auf Augenhöhe“

Welche Fragen man mit Aussicht auf Erfolg stellen kann, hängt natürlich auch vom Gesprächspartner ab. Zumal in gehobenen Positionen werden gewöhnlich mehrere Gespräche geführt, sodass man auch ins Kalkül zu ziehen hat, wer für welche Frage der richtige Ansprechpartner ist. Wichtig für jeden Bewerber ist, sich vor Augen zu führen, dass er nicht als Bittsteller kommt, sondern seine Arbeitskraft, sein Geschick und Engagement jemandem anbietet, der daran Bedarf hat. Er sollte keinesfalls großspurig auftreten, sich aber auch nicht klein machen. Wenn er diese Haltung bereits bei der Vorbereitung seiner Fragen für das Vorstellungsgespräch einübt, hat er gute Chancen, als Verhandlungspartner „auf Augenhöhe“ respektiert zu werden. Wo erforderlich, wäre ein Coaching zur Vorbereitung in diesem Sinne eine begrüßenswerte Maßnahme – im Gegensatz zu einem Training in „Impression Management“.

5 Fallbeispiele aus der Unternehmens- und Beratungspraxis

5.1 Interview zur Auswahl von Gaststättenpächtern

Ein spöttisches Bonmot zur Berufswahl lautet: „Wer nichts wird, wird Wirt". Wenngleich derartige Weisheiten gewöhnlich übergeneralisieren, dürften die meisten Gaststättenbesucher schon aus eigener Erfahrung zu diesem Eindruck gekommen sein. Nachdem die Konkurrenz im Gastronomiebereich groß ist, sind dementsprechend die Risiken der Insolvenz und Geschäftsaufgabe hoch.

Wenn jemand das Risiko, eine Gastwirtschaft zu eröffnen und zu leiten, nicht als selbstständiger Unternehmer allein trägt, sondern als Pächter einer Brauereigaststätte übernimmt, wird es auch zum Problem der Brauerei, Personen zu finden, denen diese Aufgabe mit Aussicht auf Erfolg anvertraut werden kann. Die Investition zur Ausstattung einer Gaststätte ist hoch, und besonders dort, wo es sich um einen traditionsreichen Betrieb handelt, steht viel auf dem Spiel, wenn er von einem neuen Pächter heruntergewirtschaftet wird.

In dieser Situation wurde von der Leitung der Deutschen Brau-Kooperation, eines Zusammenschlusses mittelständischer Brauereien, erkannt, dass mit eignungsdiagnostischer Unterstützung eine Verbesserung der Pächterauswahl erreicht werden könnte. Die Voraussetzungen waren ideal: Der Leidensdruck war groß, und systematische Verfahren der Personalauswahl existierten in den Mitgliedsbrauereien auch nicht in Ansätzen. Deshalb bestand Offenheit, grundsätzlich vorzugehen und ein gemeinsames Verfahren zu erarbeiten. Dem Vorhaben kam zudem entgegen, dass die Konkurrenz der Brauereien untereinander durch weite regionale Streuung gering war. Die Entwicklungskosten konnten auf viele Schultern verteilt werden, während der Nutzen jedem einzelnen Mitglied zugutekommen sollte.

Eignungsdiagnostisches Neuland: Auswahl von Gaststättenpächtern durch ein valides und gut handhabbares Interviewverfahren

Der Auftrag an einen Eignungsdiagnostiker lautete also, ein Auswahlverfahren zu entwickeln, das dieser Aufgabe gerecht werden kann und von allen Verantwortlichen – das waren entweder die Brauereiinhaber selbst oder ihre Verkaufsleiter – nach geringem Trainingsaufwand gehandhabt werden kann. Als Methode wurde ein Multimodales Interview vorgesehen, das in diesem Fall neben den üblichen Verfahrensteilen auch die Feststellung der Fachkenntnisse zu leisten hatte. Die Vorauswahl sollte lediglich nach einer kurzen Liste biografischer Daten erfolgen.

Partizipative Vorgehensweise bei der Ausarbeitung des Auswahlverfahrens

Die wichtigsten Arbeitsschritte waren folgende:

1. Zusammenstellung eines Arbeitskreises aus interessierten und erfahrenen Delegierten der Mitgliedsbrauereien
2. Auswertung von Tätigkeitsanforderungen in verwandten Berufsfeldern
3. Befragung von Mitgliedsbrauereien zur Auswahl von Pachtbewerbern
4. Befragung von Gastwirten und Gastronomieunternehmen
5. Ausarbeitung des Analyseverfahrens „Bedeutsamkeit und Erfüllungsgrad von Anforderungen an Gastwirte" (Vorversion – Erprobung – Hauptversion)
6. Bearbeitung des Anforderungsanalyseverfahrens durch alle Mitgliedsbrauereien
7. Sammlung und eignungsdiagnostische Auswertung biografischer Daten unterschiedlich erfolgreicher Gastwirte
8. Auswertung und Bearbeitung des Anforderungsanalysematerials
9. Umsetzung in biografiebezogene Fragen, Fragen zum Handlungswissen und situative Fragen
10. Zusammenstellung von Informationen für Bewerber (zur Selbstprüfung und Selbstselektion)
11. Ausarbeitung der Auswahlinterviews
12. Durchführung von Probeinterviews durch erfahrene Interviewer. Anschließend Überarbeitung zur Endform der Verfahren
13. Durchführung von Interviewseminaren (eintägig)
14. Abschließende Gestaltung und Übergabe des Interviews an die Auftraggeber

Nur eine kleine Auswahl dieser Arbeitsschritte kann hier näher beleuchtet werden. Die teilstrukturierten Interviews mit erfahrenen Gastwirten (Punkt 4) umfassten 20 vorgesehene Fragen und waren offen für zusätzliche Fragen, die sich im Laufe des Gesprächs ergaben. Beispiele für vorbereitete Fragen waren:

- Welche Tätigkeiten sind besonders wichtig (z. B. kaufmännischer Bereich, Umgang mit Gästen, Personalführung)?
- An welcher Stelle ist das Fehlerrisiko besonders hoch?
- Gibt es *den* erfolgreichen Gastwirt oder müssen wir differenzieren?
- Fallbeispiele erfolgreicher Gastwirte (voraussehbar – nicht voraussehbar)
- Fallbeispiele gescheiterter Gastwirte (voraussehbar – nicht voraussehbar)
- Welche Anforderungen sind derzeit gut erfüllt? Wo sind die Defizite am größten?

Die Befragungen der Mitgliedsbrauereien und Gastwirte führte zum Ergebnis, dass drei Gruppen von Gaststätten unterschieden werden müssen, da sie durch teilweise unterschiedliche Anforderungen ausgezeichnet sind:

Schankwirtschaft – Speisegaststätte – Großgastronomie. Dementsprechend wurden drei Varianten eines Fragebogens zur Anforderungsanalyse entwickelt und nachfolgend drei Einstellungsinterviews. Ein Auszug aus dem Analysefragebogen für die Gruppe „Schankwirtschaften" gibt einige Items wieder:

Bedeutsamkeit und Erfüllung von Anforderungen: Auszug aus dem Fragebogen für die Anforderungsanalyse für den Bereich „Schankwirtschaften" (aus Schuler, 1999, S. 149)

Frage 1: Bitte kreuzen Sie an, wie bedeutsam die folgenden Anforderungen für die erfolgreiche Erfüllung der Aufgaben eines Gastronomen (Schankwirtschaften) sind.

Frage 2: In welchem Maße werden die einzelnen Anforderungen im Allgemeinen von den Gastronomen, mit denen Sie zu tun haben (Schankwirtschaften), erfüllt?

	Frage 1 Bedeutsamkeit						**Frage 2 Anforderungen erfüllt**		
Ein Gastwirt/Pächter einer Brauereigaststätte (Schankwirtschaft) sollte …	*trifft nicht zu*	*gering*	*mittel*	*hoch*	*sehr hoch*	*extrem hoch*	*unzureichend*	*teilweise*	*vollständig*
1. Gäste unterhalten können	0	1	2	3	4	5	☐	☐	☐
2. lebensfroh wirken, fröhlich sein	0	1	2	3	4	5	☐	☐	☐
27. durchhalten, etwas zu Ende bringen	0	1	2	3	4	5	☐	☐	☐
28. selbstkritisch prüfen, was man besser machen kann	0	1	2	3	4	5	☐	☐	☐
72. Freude am Unternehmerischen haben	0	1	2	3	4	5	☐	☐	☐
73. Ansatzpunkte zur Geschäftsausweitung erkennen und nutzen	0	1	2	3	4	5	☐	☐	☐

Wie immer besteht der erste methodische Schritt in der Anfordererungsanalyse

Der Fragebogen wurde für jede der drei Tätigkeitsgruppen von ca. einhundert fachkundigen Personen ausgefüllt. Die Rangreihe der wichtigsten Items für die Gruppe der Schankwirte lautete:

Ein Gastwirt sollte …

1. kein Alkoholiker sein,
2. mit Geld umgehen können,
3. sich mit dem Lokal identifizieren,
4. Umsatz nicht als Gewinn ansehen,
5. seine Lebenshaltung den Einnahmen anpassen,
6. „unchristliche" Arbeitszeiten akzeptieren,
7. Freude am Beruf haben,
8. sich um neue Gästegruppen bemühen,
9. bereit sein, hohe Arbeitszeiten aufzubringen,
10. keine unkontrollierten Eigenentnahmen vornehmen.

Die quantitative Form der Anforderungsanalyse ermöglicht nicht nur den Vergleich zwischen verschiedenen Tätigkeitsgruppen (in diesem Fall Gastronomietypen), sondern auch die empirische Ermittlung der Anforderungsdimensionen. Werden die Verhaltensanforderungen, aus denen sich die Dimensionen konstituieren, als unterschiedlich bedeutsam eingestuft, so kann es auch sinnvoll sein, die Dimensionen dementsprechend verschieden zu gewichten. Zur Ermittlung der grundlegenden Anforderungsdimensionen wurde eine Faktorenanalyse berechnet, die in den fünf Dimensionen Organisation, Motivation, Selbstkontrolle, Serviceorientierung und Führung resultierte. Folglich wurden später die Interviewfragen nach diesen Dimensionen zusammengestellt und ausgewertet. Von einer unterschiedlichen Gewichtung der Dimensionen wurde in diesem Fall abgesehen.

Die Umsetzung der Analyseergebnisse in Interviewfragen (S. 114, Punkt 9) erfolgte teilweise unter Mitarbeit des gebildeten Arbeitskreises (Punkt 1) sowie weiterer interessierter und erfahrener Beschäftigter im Brauerei- und Gastronomiebereich. Dabei wurde darauf geachtet, vor allem solche Anforderungen als Grundlage der Fragenformulierung heranzuziehen, die im Analysefragebogen als bedeutsam und zusätzlich als bisher unzureichend oder nur teilweise erfüllt eingestuft worden waren.

Die Erarbeitung der Fragen fand großenteils in Arbeitsgruppen statt. Der Versuch, diesen Schritt dadurch zu vereinfachen, dass schriftliche Anweisungen mit der Bitte an „Experten" verschickt werden, zu bedeutsamen Anforderungen selbstständig Fragen auszuarbeiten, ist zumeist aus zwei Gründen zum Scheitern verurteilt: erstens fallen die ersten produzierten Fragen gewöhnlich unzulänglich aus; man muss sie also besprechen, korrigieren und weitere Produktionsrunden einleiten; zweitens wird von den meisten Beteiligten trotz zuvor gegebener Zusage gar nichts produziert. In der Gruppensituation dagegen entfällt das zweitgenannte Problem; das erste kann man durch laufendes Feedback, Diskussion und Hilfestellung lösen, sodass aus jeder Gruppe innerhalb weniger Stunden eine erhebliche Auswahl brauchbarer, nur noch einer abschließenden Überarbeitung bedürftiger Fragen zustande kommt.

Anleitung zur Ausarbeitung von Interviewfragen

Drei Arten von Fragen wurden auf diese Weise in den Arbeitsgruppen produziert, die zum geringen Teil identisch für die Gruppen Schankwirtschaft, Speisegastronomie und Großgastronomie verwendet werden konnten, größtenteils aber spezifisch auf die betreffende Gruppe ausgerichtet waren. Ergänzend zu den mündlichen Instruktionen erhielten die Teilnehmer schriftliche Richtlinien zur Fragenformulierung, die ihnen als Gedankenstütze bei der Ausarbeitung der Fragen dienten. Ein Beispiel hierfür ist folgende Anleitung:

Formulierung von Fragen zum Handlungswissen zur Auswahl von Gastwirten

1. Denken Sie an Kenntnisse oder Verhaltensweisen, die für einen Gastwirt unentbehrlich sind und die wir dennoch nicht bei allen in gleichem Maß vorfinden.
2. Formulieren Sie daraus eine Frage zum Handlungswissen, die in dieser Form einem Bewerber gestellt werden kann.
3. Die Frage muss eine eindeutige Richtiglösung haben. Geben Sie diese Lösung bitte an. Gibt es mehrere richtige Lösungen, sollten in der Musterlösung alle aufgeführt sein.
4. Die Frage sollte mittleren Schwierigkeitsgrad haben. Fragen, die von jedem oder von keinem Bewerber richtig beantwortet werden, tragen nichts zu unserer Urteilsbildung bei.
5. Fragen zum Handlungswissen eignen sich primär für berufserfahrene Bewerber. In manchen Fällen können sie aber auch Anfängern gestellt werden.
6. Formulieren Sie bitte mindestens eine gute Frage zum Handlungswissen für Schankwirte, eine für Speisegastronomen und eine für Großgastronomen. Falls Ihnen eine Frage einfällt, die für alle drei Gruppen von Gastwirten passt, so ist auch diese willkommen.

Auch für die Fragentypen biografische und situative Fragen unterstützten schriftliche Anweisungen die mündlichen Instruktionen. Daneben wurden für jeden Fragentyp Beispielfragen zur Orientierung ausgegeben und besprochen. Eine weitere Aufgabe einiger Gruppen bestand darin, diejenige Information zusammenzustellen, die als „realistische Tätigkeitsinformation" den Bewerbern vermittelt werden soll. Damit trugen die Arbeitsgruppen dazu bei, die wichtigsten der acht Komponenten des Auswahlgesprächs vorzubereiten:

Aufbau des Multimodalen Interviews für Gastwirte
1. Gesprächsbeginn (informelles „Aufwärmen“) 2. Selbstvorstellung (vor allem biografischer Hintergrund, Motive und Ziele) 3. freie Fragen (vor allem im Anschluss an 2.) 4. Fragen zum Handlungswissen 5. biografiebezogene Fragen 6. realistische Tätigkeitsinformation (teils generell, teils unternehmensspezifisch) 7. situative Fragen 8. Gesprächsabschluss (ggf. mit Vereinbarung)

Fragen zum Handlungswissen

Fragen zum Handlungswissen, die ansonsten nicht zu den Standardkomponenten des Multimodalen Interviews gehören, wurden deshalb aufgenommen, weil es für Gastwirte keine einheitliche, geregelte Ausbildung gibt, wie dies für viele andere Berufe der Fall ist. Es wird allerdings als minimaler Kenntnisstand das Wissen erwartet, das die Industrie- und Handelskammern in Kursen von wenigen Tagen Dauer vermitteln. Deshalb können einfache Fragen zum Handlungswissen auch berufsunerfahrenen Bewerbern gestellt werden. Beispiele für derartige Fragen an Bewerber für die Schankgastronomie sind:

– Wie oft müssen die Bierhahnen abgeschraubt und gereinigt werden? (richtige Antwort: täglich)
– Sind Sie verantwortlich für Ruhestörungen vor Ihrer Gaststätte, verursacht durch Gäste, die das Lokal bereits verlassen haben – z. B. lautes Verabschieden untereinander –, auch wenn Sie diesen Vorgang nicht bemerken? (richtige Antwort: ja)

Biografiebezogene Fragen

Im Unterschied zu anderen Auswahlprojekten wurden in diesem Fall einfache biografiebezogene Fragen gestellt, die auch für wenig geübte Interviewer leicht zu verwenden sind. Beispiele hierfür sind (Gruppe Speisegastronomie):

– Anforderungsdimension „Selbstkontrolle“:
  Wie war das, als Sie das letzte Mal eine größere neue Aufgabe in Angriff genommen haben? Wie sind Sie da vorgegangen? (3 Punkte: systematisches, planendes, vorausschauendes Vorgehen)
– Anforderungsdimension „Serviceorientierung“:
  Auch wenn man sich bemüht, alles recht zu machen, kommt es vor, dass man von anderen kritisiert wird. Wann ist Ihnen so etwas das letzte Mal passiert? (Nachfrage: Wie haben Sie darauf reagiert? Wie ist die Sache ausgegangen?) (3 Punkte: versteht Kritik als Quelle der Verbesserung; 2 Punkte: nicht verärgert oder frustriert)

Situative Fragen

Für den Fragentyp situative Fragen wird hier ein Beispiel aus dem Bereich „Großgastronomie“ gewählt. Diese Frage gut zu beantworten setzt selbstverständlich Berufserfahrung voraus (obwohl man auch hierbei immer wieder auf „Naturtalente" trifft).

Beispiel für eine situative Frage im Bereich „Großgastronomie"

Ein Gast möchte seinen „runden Geburtstag" bei Ihnen feiern und sagt Ihnen, dass er von der Gastronomie keine Ahnung hat und dass Geld bei dieser Feier keine Rolle spielt. Was bieten Sie dem Gast an?

Bewertungshinweise:
1 – Nur das Teuerste mit den höchsten Spannen; hier will ich Geld machen.
...
3 – Ich versuche im Gespräch herauszufinden, wie viel Geld der Gast bereit ist auszugeben, und unterbreite dann ein Angebot, das mir einen guten „Schnitt" gewährleistet.
...
5 – Ich frage den Gast, welche Speisen und Getränke bei seinem Gästekreis und bei ihm selbst beliebt sind, und nenne dabei Beispiele mit entsprechenden Preisen. Da ich auf solche Anfragen vorbereitet bin, habe ich verschiedene Menüvorschläge, die für den Gast fair und für meine Rendite gut sind, immer zur Hand. Ich biete „Komplettservice" mit Blumendekoration, Musik etc. und sorge für ein gelungenes Fest. Ich überreiche dem Gast am Tag der Feier ein kleines Geschenk mit Glückwunschkarte und freue mich auf die Anschlussgeschäfte, die durch Mundpropaganda sicherlich entstehen.

Wie beim Multimodalen Interview üblich, werden die situativen Fragen ebenso wie die anderen Fragenarten sowie die Selbstvorstellung vom Interviewer unmittelbar beurteilt. Für die abschließend gebildeten Dimensionswerte und den Gesamtwert erfolgt eine Gewichtung, die sich nach der Fragenzahl und nach der Validität der Interviewteile bestimmt, die in vorangegangenen Fällen errechnet wurde. Sobald eine ausreichende Zahl von Fällen dokumentiert ist (was leider bei Praxisprojekten nur selten erreicht wird), können die vorläufigen durch organisationsspezifische Validitätsgewichte ersetzt werden.

Interviewtraining und Verfahrenserprobung

Die Interviewtrainings wurden durchgeführt wie in Abschnitt 4.4 beschrieben. Anschließend fanden Probeinterviews statt, die Material zu einer (in diesem Fall relativ geringfügigen) Überarbeitung der Verfahren lieferten. Die überarbeiteten Multimodalen Interviews wurden den beteiligten Brauereien übergeben und werden anderthalb Jahrzehnte nach ihrer Einführung noch von den meisten beteiligten Unternehmen zur Auswahl und Klassifikation von Pachtbewerbern genutzt. Auf die ursprünglich vereinbarte Validierung musste (oder konnte) verzichtet werden, nachdem die Unternehmer ihre Beobachtung für ausreichend erklärten, dass die Fluktuation ihrer Gastwirte auf einen Bruchteil des früher Gewohnten zurückgegangen ist.

5.2 Das Interview als Auswahlverfahren für Lehramtsstudierende

Lehramtsstudierende sind oft nicht ausreichend über die Anforderungen des Lehrberufs informiert

„Um Himmels Willen“, ruft die Kandidatin erschreckt aus, „ so habe ich mir meinen künftigen Beruf aber nicht vorgestellt!“ Die situative Frage hatte gelautet, wie sie sich verhielte, wenn ihr als Lehrerin von aufgebrachten Schülereltern Unfähigkeit vorgeworfen würde. Statt die Frage zu beantworten, erklärte sie, Biologie studieren zu wollen, weil sie etwas mit Pflanzen zu tun haben möchte oder mit Forschung, am besten beides gemeinsam. Aber dass man als Biologielehrerin eventuell mit aufsässigen Schülern und deren Eltern zurechtkommen muss, Konflikte zu schlichten und den sparsamen Rektor mühsam zu überzeugen hat, die Einrichtung eines kostspieligen, aber für den Biologieunterricht wichtigen Versuchsteichs zu genehmigen, darüber hatte sie sich noch keine Gedanken gemacht.

Das Problem war entstanden, weil diese Kandidatin eigentlich Biologie studieren wollte. Auch ihr älterer Bruder hatte dieses Studienfach gewählt und war nun an der Universität beschäftigt, wo er erforschte, auf welche Weise Pflanzen ihre Warnung vor Fressfeinden an Artgenossen kommunizieren. So etwas hatte ihr auch vorgeschwebt, bis sie feststellte, dass ihr Notendurchschnitt nicht ausreichte, zum Hauptfach Biologie an der Universität Hohenheim zugelassen zu werden. Dann hatte sie den Tipp bekommen, sich für „Biologie Lehramt“ einzuschreiben – mit der Begründung, erstens seien die Studieninhalte weitgehend die gleichen, und zweitens bestehe vielleicht die Möglichkeit, nach einiger Zeit ins Hauptfach Biologie zu wechseln. Leider stand dieser Ratschlag in doppelter Weise auf tönernen Füßen: Von Ausnahmefällen abgesehen, sind Lehramtsstudiengänge eine Einbahnstraße zum Lehrerberuf. Damit unterscheiden sie sich fundamental von den meisten anderen Studiengängen, die eine Vielzahl späterer Berufsmöglichkeiten zulassen; die Wahl des Studiums stellt hier also gleichzeitig eine Berufsentscheidung dar.

Damit hängt die Frage der Berufseignung eng zusammen. Während beispielsweise vor einem Studium der Betriebswirtschaftslehre von Berufseignung schwerlich die Rede sein kann, weil dessen Ergebnis zu so unterschiedlichen Berufen führen kann wie Steuerberater, Wirtschaftsinformatiker oder selbstständiger Unternehmer (weshalb man sich ggf. auf die Feststellung der Studieneignung beschränken sollte), ist es im Fall des Lehramtsstudiums vertretbar oder sogar geboten, die Bewerber gleichzeitig im Hinblick auf Studium und Beruf auszuwählen – und sie hinsichtlich beider gründlich genug zu informieren, dass damit auch ihrer eigenen Entscheidung gedient ist.

Vor dieser Situation stand man an der Universität Hohenheim, als man feststellte, dass die Zahl der Studierenden, die das Lehramtsstudium nur als Ausweg für das verwehrte Biologiestudium wählten, zunahm – und mit ihnen auch die Zahl der Studienabbrecher und anderweitig Erfolglosen und Unzufriedenen. Auch wurde ein Zusammenhang der unfundierten Studienwahl mit der zunehmenden Zahl von Burnout-Fällen und Frühpensionierungen im Lehrerberuf vermutet (vgl. den ausführlichen Bericht bei Trapmann, Hell & Schuler, 2008, auf den sich diese Darstellung weitgehend bezieht).

Für die Anforderungsanalyse wurden mehrere Quellen herangezogen

Es wurde deshalb beschlossen, ein Auswahlverfahren zu entwickeln. Der erste Arbeitsschritt bestand in Anforderungsanalysen in Bezug auf das Studium und auf den Beruf des Gymnasiallehrers. Respondenten des ersten Teils waren Professoren und Studierende des Diplomstudiengangs Biologie an der Universität Hohenheim. Die Anforderungen des Lehrerberufs wurden zunächst aus der Literatur abgeleitet und durch Mitglieder des Lehrerseminars Esslingen ergänzt, anschließend von erfahrenen Lehrkräften verschiedener Gymnasien in ihrer Bedeutung beurteilt. Als Einstufungsverfahren wurde eine an die Zielgruppe angepasste Modifikation (Hell, Ptok & Schuler, 2007) des Verfahrens „Bedeutsamkeit und Erfüllungsgrad von Anforderungen“ (Schuler, 1996, 2014) eingesetzt.

Das Auswahlverfahren bestand aus insgesamt drei Stufen: dem Orientierungstest „was-studiere-ich.de?“ in der frühen Version als studien- und berufsbezogener Interessentest (noch ohne den später ergänzten Fähigkeitsteil; Hell, Schuler & Päßler, 2010), der Note der Hochschulzugangsberechtigung und einem Interview. Der Interessentest, der in Anlehnung an das Modell beruflicher Interessen und beruflicher Umwelten von John Holland konstruiert wurde (Holland, 1997), wurde von den Studienbewerbern bearbeitet, um ihre Selbsteinschätzung zu prüfen und ihre Studienfachwahl zu unterstützen. Die Ergebnisse wurden nicht zu ihrer Zulassungsentscheidung seitens der Universität herangezogen. Die Schulnoten – im Regelfall die durchschnittliche Abiturnote – wurden zunächst zur Vorauswahl eingesetzt (als Mindestnotenwert zur Zulassung zum Gespräch wurde der Wert 2,4 gefordert); bei der abschließenden Entscheidung gingen die Schulnoten gleichgewichtig mit dem Interviewergebnis in eine Rangreihe ein, gemäß der die Bewerber für die Zulassung zum Studiengang Biologie Lehramt ausgewählt wurden.

Ein Multimodales Interview wurde konzipiert

Als Auswahlgespräch fand ein Multimodales Interview Verwendung (Schuler, 2002), hier in der Adaption an die spezifischen Erfordernisse als „strukturiertes Mehrkomponenten-Interview“ bezeichnet. Die Komponenten sind folgende:

I. Gesprächsbeginn,
II. Selbstvorstellung,
III. Studienfach- und Berufswahl,
IV. biografische Fragen,
V. Tätigkeitssimulation: Kurzreferat,
VI. situative Fragen,
VII. Gesprächsabschluss.

Die Beurteilung des Bewerberverhaltens erfolgte gemäß den zuvor definierten Anforderungsdimensionen:
- Fachinteresse,
- pädagogisches Interesse und Schülerorientierung,
- kommunikative und soziale Fertigkeiten,
- Belastbarkeit, Selbstbeherrschung und Ausdauer,
- Durchsetzungsfähigkeit.

Die Professoren des Fachgebiets Biologie wurden trainiert und führen die Auswahlgespräche zu zweit durch

Die Durchführenden des Interviews wurden durch einen schriftlichen Leitfaden instruiert und zusätzlich durch ein halbtägiges Training auf ihre Aufgabe vorbereitet. Die Gespräche wurden von jeweils zwei Professoren des Fachgebiets Biologie gemeinsam geführt. Die gemeinsame Gesprächsführung war zwar zunächst nur für die Anfangsphase vorgesehen, wurde von den Teilnehmern trotz hoher Beurteilungsübereinstimmung (Intraklassen-Korrelation ICC 1,2 = .87) jedoch als Gelegenheit beibehalten, eine größere Zahl ihrer künftigen Studierenden kennenzulernen. Zur Beurteilung wurden, wie beim Multimodalen Interview üblich, auf fünfstufigen Skalen verankerte Beispielantworten vorgegeben; jede Antwort wurde unmittelbar bewertet. Zur Verwendung standen insgesamt 60 vorgeprüfte Fragen zur Verfügung, von denen jeder Bewerber 15 zu beantworten hatte. Auch der Eindruck aus dem Teil „Selbstvorstellung“ wurde auf fünfstufigen Skalen nach den oben genannten Anforderungsdimensionen beurteilt. Inklusive der freien Gesprächsteile resultierten daraus 21 Bewertungen.

Eine Besonderheit dieses Multimodalen Interviews ist die Komponente „Tätigkeitssimulation: Kurzreferat“. Hierbei wurde den Kandidaten ein fachbezogener wissenschaftlicher (aber durchaus gemeinverständlicher) Text von einigen Seiten Umfang vor dem Interview zur Lektüre ausgehändigt. Im Laufe des Gesprächs hatten sie die Aufgabe, den Inhalt dieses Texts in Form eines Kurzreferats wiederzugeben. Dieser Gesprächsteil hatte die Aufgabe, sowohl Aspekte der Studien- als auch der späteren Berufsanforderungen zu simulieren – Aufnahme, Verarbeitung, Strukturierung, Wiedergabe und Vermittlung sachbezogener Inhalte. Eine Beispielfrage aus dem Gesprächsteil „Studienfach- und Berufswahl“ ist die folgende:

Fragenbeispiele

Interviewteil Studienfach- und Berufswahl
Anforderungsdimension: Fachinteresse

Welche Quellen haben Sie genutzt, sich über die Universität Hohenheim zu informieren?

Haben Sie auch mit anderen Bewerbern Informationen ausgetauscht? Welche Erfahrungen haben Sie dabei gemacht?

Bewertungshinweise:
1 – Hat sich nicht informiert; oder: schlechte Informationsquellen, kein Zugang zu guten Quellen.

…
3 – Hat sich informiert, nutzte vorwiegend zugesandte und öffentlich zugängliche Informationsquellen.
…
5 – Hat sich aus schriftlichen Quellen fundiert informiert, zusätzlich aber auch persönliche Quellen genutzt. Hat z. B. die Hochschule aufgesucht und sich von Hochschulmitarbeitern und anderen Studierenden beraten lassen.

Ein Beispiel für eine biografische Frage ist folgende:

Interviewteil: Biografische Fragen
Anforderungsdimension: Pädagogisches Interesse und Schülerorientierung

Haben Sie in einer Jugendgruppe oder einem Verein mitgewirkt?

Welche Aufgaben haben Sie übernommen?

Welche haben Ihnen am meisten gefallen?

Bewertungshinweise:
1 – Hat
… nicht in einer Jugendgruppe oder Verein mitgewirkt;
… keine Aufgaben übernommen;
… oder: Aufgaben ohne pädagogischen Bezug übernommen.
…
3 – Mitglied einer Jugendgruppe/Verein; hat kleinere Aufgaben übernommen, die einen gewissen pädagogischen Bezug aufweisen.
…
5 – Langjähriges Mitglied einer Jugendgruppe/Verein und hat sich als Trainer, Ausbilder oder Gruppenleiter verdient gemacht und diese Aufgaben gerne ausgefüllt.

Schließlich soll noch ein Beispiel für eine situative Frage (gegenüber dem Original modifiziert) genannt werden.

Interviewteil: Situative Frage
Anforderungsdimension: Durchsetzungsfähigkeit

Stellen Sie sich vor, Sie seien bereits Lehrer: Ein Schüler fällt wiederholt als Dauerstörer und Klassenclown auf. Er wird Ihnen gegenüber laut und ausfallend. Er erhält durch dieses Verhalten Anerkennung anderer Mitschüler.

Wie verhalten Sie sich?

Bewertungshinweise:
1 – Ich ermahne den Schüler, beachte ihn aber nicht weiter.
…
3 – Da muss man ein Exempel statuieren und den Schüler kurz und heftig an die nötige Disziplin erinnern.
…
5 – Wenn Ermahnungen nicht mehr helfen, würde ich den Schüler für diese Stunde vom Unterricht ausschließen; er muss sich den Stoff bei einer ‚Auszeit' auf dem Rektorat selbst erarbeiten. Sollte das Verhalten erneut vorkommen, würde ich mit den Eltern sprechen; evtl. auch den Schulpsychologen hinzuziehen.

Die Bewertung des Interviews durch Verwender und Kandidaten ist positiv. Die Zahl der Studienabbrecher hat abgenommen

Eine Validierungsstudie zu diesem Auswahlverfahren befindet sich in Vorbereitung; sie soll auch Daten über den Berufseinstieg umfassen. An vorläufigen Ergebnissen kann bereits jetzt mitgeteilt werden: Die Anzahl von Studienabbrechern und Studienwechslern hat abgenommen; die Nichtbestehensquote in den Abschlussprüfungen hat abgenommen; die Beobachterübereinstimmung ist, wie bereits erwähnt, hoch, unter den einzelnen Gesprächsteilen insbesondere bei der Bewertung des Kurzreferats; im Vergleich zur Zulassung allein aufgrund der Abiturnote werden knapp 30 % andere Bewerber zugelassen; das Auswahlverfahren wird sowohl von den Verwendern als auch von den Bewerbern als fair eingeschätzt und gut akzeptiert; es deutet sich eine leichte Überlegenheit für weibliche und für ältere Bewerber an (was kompatibel mit anderen Forschungsbefunden ist). Auch weitere psychometrische Prüfwerte und subjektive Eindrücke sprechen dafür, dass mit diesem Verfahren die Auswahl und Selbstselektion der Studierenden für den Studiengang Biologie Lehramt an der Universität Hohenheim verbessert werden konnte.

5.3 Das Interview zur Auswahl von Führungskräften in einem produzierenden und forschenden Unternehmen

Große Verantwortung für das Interview

Der im Folgenden beschriebene Fall schildert ein produzierendes und forschendes Unternehmen mit ca. 10 000 Mitarbeitern. Das Einstellungsinterview kommt als internes Auswahlinstrument auf der zweiten Führungsebene zum Einsatz, die zukünftigen Positionsinhaber berichten somit direkt an die Geschäftsführung. Der Auswahlprozess findet im Kontext einer umfangreichen internen Restrukturierungsmaßnahme statt: Um sich an verändernde Marktbedingungen und politische Rahmenbedingungen anzupassen, soll das Unternehmen in mehrere schlagkräftige, prozessorientierte Einheiten unterteilt werden. Dafür werden alle Positionen auf der zweiten Führungsebene neu besetzt.

Die Restrukturierung wurde durch eine externe Organisationsberatung begleitet. Dabei wurde in einem ersten Schritt eine Systemdiagnose durchgeführt, indem 130 Mitarbeiter quer durch alle Bereiche und alle Hierarchieebenen des Unternehmens in Einzel- und Gruppeninterviews befragt wurden. Um neben den Informationen zur Kultur des Unternehmens auch Relevantes über Strategie und Struktur zu erfahren, wurden diese Interviews durch eine betriebswirtschaftliche Analyse und eine komplementäre Systemdiagnose ergänzt. Damit wurden zentrale Ansatzpunkte für die allgemeine Organisationsentwicklung identifiziert. Die Ergebnisse der Diagnose, die den konkreten Veränderungsbedarf im Unternehmen aufzeigen, wurden nach der Rückspiegelung an die Interviewten in einen Veränderungsprozess mit mehreren Teilprojekten überführt. Das Projekt wurde durch eine sogenannte Steuergruppe begleitet, die dem Management in seinen Entscheidungen beratend und unterstützend zur Seite stand.

Interne Personalauswahl vor dem Hintergrund einer Restrukturierung

Für die Entwicklung des Interviewleitfadens wurde eine Anforderungsanalyse durchgeführt, bestehend aus Dokumentenanalysen, Experteninterviews sowie Critical-Incident-Workshops. Die Dokumentenanalyse wurde dabei durch den umfangreichen Change-Prozess erschwert: Da die angestrebte Organisationsstruktur weitreichende Veränderungen vorsah, konnten bestehende Arbeitsplatzbeschreibungen nur erste Hinweise für die Anforderungen der Zielposition liefern. Neben den Arbeitsplatzbeschreibungen lieferten das vorliegende Kompetenzmodell sowie die Ergebnisse der Systemdiagnose weitere Informationen über die zukünftigen Anforderungen.

Die Experteninterviews erfolgten anhand eines teilstrukturierten Leitfadens, dessen Entwicklung auf den Analysen der oben genannten Dokumente aufbaute. Insgesamt wurden sechs Mitglieder der Steuergruppe befragt. Die Gesprächsthemen reichten dabei von den Inhalten der Zielposition über verhaltens- und eigenschaftsorientierte Anforderungen, Werte und Spannungsfelder bis hin zu Besonderheiten, die durch den Change-Prozess erwartet wurden. Die Ergebnisse wurden in Form von Statements in Bezug auf Merkmale und Aufgaben ausgewertet. Die befragten Mitglieder der Steuergruppe können als Experten für die Tätigkeit zukünftiger Führungskräfte gelten, da sie in dieser Funktion das Zukunftsbild der Organisation mit entworfen haben. Die Einbeziehung der Mitglieder der Steuergruppe sowie die Auswahl der Themen basierte entsprechend auf dem Einsatz fundierter Methoden personalpsychologischer Anforderungsanalysen unter Berücksichtigung jener Besonderheiten, die der Change-Prozess an die zukünftigen Führungskräfte stellt.

Die Anforderungsanalyse berücksichtigte neben Dokumentenanalyse und Critical Incidents auch das Zukunftsbild der Organisation

Als weiterer Schritt wurde ein Critical-Incident-Workshop durchgeführt, an dem sich, mit selber Intention, ebenfalls die Mitglieder der Steuergruppe beteiligten. Im Rahmen einer Einzelarbeit entwickelten die Experten insgesamt 26 Situationen, die für die zukünftige Tätigkeit als Führungskraft der Zielposition typisch und erfolgskritisch sind. Zu jeder dieser Situationen wurden verschiedene Verhaltensweisen identifiziert, die sich darin unterschieden, wie diese durch die Organisation bewertet werden. In Erweiterung klassischer Critical-Incident-Workshops wurde dabei explizit erwähnt, dass sich diese Bewertung nicht nur auf die Effektivität der Verhaltensweise bezieht, sondern darüber hinaus auch Aspekte der Passung bezüglich Anforderungen, Kultur und Strategie beinhalten kann. Entsprechend erfolgte die Bewertung der Verhaltensweisen nicht nur bezüglich der Erfahrungen der Experten in vergangenen Situationen, sondern zukunftsbezogen vor dem Hintergrund der Vision für die angestrebte Organisation. Alle Situationen wurden im Anschluss in Kleingruppen diskutiert und bezüglich der Kriterien schwierig, typisch und erfolgskritisch bewertet.

Die Definition der Anforderungsdimensionen basierte in Anlehnung an das Kompetenzmodell, wobei Ergebnisse der Dokumentenanalyse, der Systemdiagnose, der Experteninterviews und der Critical-Incident-Workshops integriert wurden. Insgesamt wurden fünf Dimensionen postuliert, die jeweils durch spezifischere Eigenschaften und Verhaltensweisen illustriert wurden. Im Sinne der oben diskutierten allgemeinen Veränderungskompetenz fanden sich darunter auch Aspekte wie das Streben nach kontinuierlicher Verbesserung und das Zeigen von Veränderungsbereitschaft, darüber hinaus Aspekte wie Ergebnisorientierung, Integrität, Innovation und Führung.

Umsetzung in einen Interviewleitfaden

Die Ergebnisse des Critical-Incident-Workshops wurden darüber hinaus unmittelbar für die Entwicklung situativer Fragen (siehe unten) verwendet. Dabei dienten die durch die Steuergruppe entwickelten, diskutierten und bewerteten Verhaltensalternativen als Anker, die niedrige, mittlere und hohe Ausprägung definierten. Diese Verankerungen dienen wiederum der Bewertung der Antworten der Kandidaten, die über ein statistisches Entscheidungsmodell in eine Empfehlung für die Eignung der Zielposition mündet. Da die Bewertung der Verhaltensalternativen neben der Effektivität auch die Aspekte Kultur und Strategie beinhalteten, werden über diesen Weg jene Kandidaten für die Zielposition empfohlen, die die Werte der zukünftigen Organisation verkörpern. Diese Personen können als Schlüsselpersonen, Vorbilder und Multiplikatoren die neue Kultur in die Organisation tragen.

Als Diagnoseinstrument wurde ein vollständiges Multimodales Interview mit acht Komponenten gewählt. Die Entwicklung des Multimodalen Interviews erfolgte anforderungsanalytisch auf Basis der oben genannten Methoden zur Anforderungsanalyse. Als Anforderungsdimensionen wurden die oben beschriebenen fünf Dimensionen zugrunde gelegt. Die Ergebnisse des Critical-Incident-Workshops gingen unmittelbar in die Entwicklung der Interviewfragen ein, insbesondere für die situativen Fragen.

Eine Besonderheit lag in der Entwicklung der Fragen zu Berufs- und Organisationswahl, da es sich bei den Bewerbern ausschließlich um interne Kandidaten handelte, die zum Zeitpunkt der Diagnose bereits seit Jahren in der Organisation beschäftigt waren. Die Fragen fokussierten folglich auf die zu besetzende Leitungsebene und die Frage, inwieweit sich die Kandidaten mit den Anforderungen und Besonderheiten der jeweiligen Zielpositionen auseinandergesetzt hatten. Dabei wurden beispielsweise zukünftige Herausforderungen oder Veränderungen im Kontext einer veränderten Marktsituation thematisiert.

Beispiele für Fragen

Die Fragen zu Erfahrungen und Interessen basieren unmittelbar auf den Anforderungsdimensionen, die durch Verhaltensanker sowohl die künftigen Anforderungen widerspiegeln, die sich aus der Tätigkeit ergeben, als auch jene, die aus strategischer Sicht durch die Steuerungsgruppe als relevant für die neue Organisation erachtet wurden. Ein Beispiel für einen Verhaltensanker der Anforderungsdimension Ergebnisorientierung stellt das kontinuierliche Streben nach Verbesserung sowie das Zeigen von Lernbereitschaft dar. Im Sinne der Vergangenheitsorientierung wurde dieser Aspekt aufgegriffen, indem nach einem konkreten Beispiel gefragt wurde, das zeigt, wie sich die Kandidaten persönlich weiterentwickeln mussten, um die Erreichung ihrer Ziele sicherzustellen. Für die Bewertung der Antworten wurden die Anforderungen erneut aufgegriffen. Dabei wurden Antworten als positiv bewertet, die anhand von Beispielen zeigen konnten, wie persönliche Defizite kompensiert und entwickelt und eigene Fähigkeiten kontinuierlich verbessert wurden, um die Erreichung anspruchsvoller Ziele zu sichern. Umgekehrt wurden Antworten als negativ gewertet, wenn solch ein Verhalten noch nicht gezeigt wurde oder wenn die Entwicklung eigener Fähigkeiten zu kurz kommt, beispielsweise aus Zeitmangel.

Die situativen Fragen wurden direkt aus den Ergebnissen des Critical-Incident-Workshops entwickelt und anschließend den Anforderungsdimensionen zugeordnet. Dabei werden zukünftige, typische und anspruchsvolle Situationen geschildert, die die Führungskräfte auf der Zielposition erwarten. Beispielsweise wurde in einer der Situationen der Fall eines technischen Problems in der Produktion geschildert, der zu einem Engpass in der Versorgung mit einem der Produkte des Unternehmens führte; als Folge könnte es zu einem Marktabriss und – aufgrund der Art des Produkts – zu lebensbedrohlichen Konsequenzen bei den Kunden führen. Die Antworten der Kandidaten werden gegen die in dieser Situation erforderlichen Handlungen und deren Priorisierung abgeglichen, einschließlich der internen Kommunikation, dem Einschalten der Behörden, der Erarbeitung eines Notfallplans, der technischen Fehlerbehebung sowie langfristig der Einleitung von Maßnahmen, die ein erneutes Auftreten einer solchen Situation verhindern.

Vor der Durchführung der Interviews wurden Interviewer und Beobachter im Rahmen einer halbtägigen Schulung intensiv trainiert, um sie mit dem theoretischen Hintergrund des Verfahrens sowie der Handhabung des Interviewleitfadens vertraut zu machen. Im Mittelpunkt standen dabei das Kennenlernen des Multimodalen Interviews als eignungsdiagnostisches Instrument und die Inhalte der Fragen. In Rollenspielen wurden das Stellen von freien und strukturierten Fragen sowie die Bewertung der Antworten eingeübt. Den Interviewern wurde dabei Rückmeldung in Form einer Supervision gegeben. Die Bewertung der Antworten wurde zwischen den Beobachtern und Interviewern abgeglichen, etwaige Abweichungen wurden diskutiert.

Von der Durchführung bis zur Entscheidung

Innerhalb von drei Wochen wurden insgesamt 44 Gespräche durchgeführt. Wie erwähnt, wurden für die Gespräche ausschließlich interne Kandidaten nominiert. Als Kriterien für die Nominierung dienten dabei vorliegende Leistungsbeurteilungen sowie Fachwissen und Erfahrung der Kandidaten. Das Interview wurde stets von erfahrenen, externen Interviewern geführt sowie zusätzlich von ein bis zwei Mitgliedern der Steuergruppe beobachtet. Die Antworten wurden während des Gesprächs entsprechend den Verhaltensankern in numerischer Form bewertet und auf einen Bewertungsbogen übertragen. Je Kandidat wurden die Bewertungen über alle Fragen und über die Beobachter hinweg aggregiert, zusätzlich wurden Werte für die fünf Anforderungsdimensionen berechnet, indem die Bewertungen der zugehörigen Fragen (aggregiert über die Beobachter) addiert wurden. Nach Abschluss aller Gespräche wurden die Rohwerte anhand der über alle Kandidaten hinweg berechneten Kennwerte Mittelwert und Standardabweichung normiert und auf eine Skala mit Mittelwert 100 und Standardabweichung 10 transformiert. Die Ergebnisse für jeden einzelnen Kandidaten sind somit unmittelbar als Abschneiden im Vergleich zu allen anderen Kandidaten interpretierbar, wobei Werte über 100 einem überdurchschnittlichen und Werte unter 100 einem unterdurchschnittlichen Ergebnis entsprechen. Anschließend wurde als Vorbereitung für die Entscheidung eine Rangreihe aller Kandidaten bezüglich des Gesamtwerts erstellt, wobei diese Liste zusätzlich über die Ergebnisse auf Ebene der Anforderungsdimensionen informierte. Die Entscheidung für die zukünftigen Führungskräfte auf der Ebene n-1 wurde durch die Steuergruppe im Rahmen einer Entscheiderkonferenz gefällt. Die Entscheidung auf Annahme bzw. Ablehnung basierte dabei neben dem Abschneiden im Multimodalen Interview auf einer Reihe unterschiedlicher Kriterien, wie u. a. Fachkenntnisse sowie Ergebnisse von Leistungsbeurteilungen aus vorherigen Positionen, wobei den Ergebnissen des Multimodalen Interviews das größte Gewicht zukam. Am Ende wurden von den 44 Kandidaten 26 angenommen.

Im Anschluss an das Projekt wurde eine Sitzung zur Evaluation des Projekts durchgeführt. Die Interviews wurden sowohl von Interviewern als auch den Beobachtern als positiv bewertet. Die Anwender hoben dabei die hohe Vergleichbarkeit, die Belastbarkeit und Tiefe der gewonnenen Information sowie die Objektivierung vorliegender Ergebnisse und Erfahrungen durch externe Berater hervor. In kurzen informellen Gesprächen mit den Kandidaten kurz nach deren Gespräch zeigte sich, dass auch diese das Interview überwiegend als positiv bewerteten, wobei u. a. der Anforderungsbezug und die Fairness des Gesprächs betont wurden, wobei letztere gewährleistet wird, indem allen Kandidaten die gleichen Fragen gestellt werden. Entgegen den von Seiten der Interviewer im Vorfeld geäußerten Bedenken wurde der Gesprächsverlauf trotz Strukturiertheit durchweg als harmonisch empfunden.

Abschließend wurden die im Rahmen des Projekts erhobenen Daten einer kurzen statistischen Überprüfung unterzogen. Über die 24 Bewertungen des Multimodalen Interviews hinweg zeigte sich hohe Reliabilität in Form von Cronbachs Alpha (.91), die für eine hohe Homogenität des eingesetzten Instruments spricht. Auch bezüglich der Interrater-Reliabilität fanden sich hohe Werte; zwischen den Ratings des Interviewers und der Beobachter lagen diese bei .88, zwischen den Beobachtern sogar bei .93. Längsschnittliche Validierungsdaten für die Vorhersage beruflicher Leistung lagen zum Zeitpunkt der Manuskripterstellung noch nicht vor.

Alle Kandidaten erhielten ein ausführliches Feedback

Die Kandidaten wurden für eine ausführliche Rückmeldung der Ergebnisse zu einem zweiten Gespräch eingeladen, das alle Kandidaten wahrnahmen. In den Gesprächen wurden die Stärken und Schwächen der Kandidaten thematisiert und Ansatzpunkte für Entwicklungsmaßnahmen erarbeitet. Die Rückmeldung des persönlichen Ergebnisprofils macht auch die Anforderungsdimensionen transparent, sodass dem Feedbackgespräch gleichzeitig eine Kommunikationsfunktion in Bezug auf die Ziele der neuen Organisation zukam.

6 Literaturempfehlungen

Mussel, P. (2007). Einstellungsinterviews. In H. Schuler & K.-H. Sonntag (Hrsg.), *Handbuch der Arbeits- und Organisationspsychologie* (S. 503–510). Göttingen: Hogrefe.

Schuler, H. (2002). *Das Einstellungsinterview.* Göttingen: Hogrefe.

Schuler, H. (2014). *Psychologische Personalauswahl. Eignungsdiagnostik für Personalentscheidungen und Berufsberatung* (4. Aufl.). Göttingen: Hogrefe.

7 Literatur

Alderfer, C.P. & McCord, C.G. (1970). Personal and situational factors in the recruitment interview. *Journal of Applied Psychology, 54,* 377–385. http://doi.org/10.1037/h0029690

Allport, G.W. (1937). *Personality: A psychological interpretation.* New York: Holt, Rinehart & Winston.

Anderson, D. (1992). A case for standards of counselling practice. *Journal of Counselling & Development, 71,* 22–26. http://doi.org/10.1002/j.1556-6676.1992.tb02165.x

Anderson, N., Salgado, J.F. & Hülsheger, U.R. (2010). Applicant reactions in selection: Comprehensive meta-analysis into reaction generalization versus situational specificity. *International Journal of Selection and Assessment, 18,* 291–304. http://doi.org/10.1111/j.1468-2389.2010.00512.x

Arvey, R.D. & Campion, J.E. (1982). The employment interview: A summary and review of recent research. *Personnel Psychology, 35,* 281–322. http://doi.org/10.1111/j.1744-6570.1982.tb02197.x

Barrick, M.R., Shaffer, J.A. & DeGrassi, S.W. (2009). What you see may not be what you get: Relationships among self-presentation tactics and ratings of interview and job performance. *Journal of Applied Psychology, 94,* 1394–1411. http://doi.org/10.1037/a0016532

Barrick, M.R., Swider, B.W. & Stewart, G.L. (2010). Initial evaluations in the interview: Relationships with subsequent interviewer evaluations and employment offers. *Journal of Applied Psychology, 95,* 1163–1172. http://doi.org/10.1037/a0019918

Barthel, E. & Schuler, H. (1989). Nutzenkalkulation eignungsdiagnostischer Verfahren am Beispiel eines biographischen Fragebogens. *Zeitschrift für Arbeits- und Organisationspsychologie, 33,* 73–83.

Blickle, G. (2014). Persönlichkeit aus sozioanalytischer Sicht. In H. Schuler & U. Kanning (Hrsg.), *Lehrbuch der Personalpsychologie* (3. Aufl., S. 301–323). Göttingen: Hogrefe.

Borman, W.C. & Brush, D.H. (1993). More progress toward a taxonomy of managerial performance requirements. *Human Performance, 6,* 1–21. http://doi.org/10.1207/s15327043hup0601_1

Bühner, M. & Ziegler, M. (2009). *Statistik für Psychologen und Sozialwissenschaftler.* München: Pearson Education.

Campion, M.A., Palmer, D.K. & Campion, J.E. (1997). A review of structure in the selection interview. *Personnel Psychology, 50,* 655–702. http://doi.org/10.1111/j.1744-6570.1997.tb00709.x

Campion, M.A., Pursell, E.D. & Brown, B.K. (1988). Structured interviewing: Raising the psychometric properties of the employment interview. *Personnel Psychology, 41,* 25–42. http://doi.org/10.1111/j.1744-6570.1988.tb00630.x

Cascio, W.F. (1982). *Costing human ressources: The financial impact of behavior in organizations.* Boston: Kent.

Cascio, W.F. & Aguinis, H. (2011). *Applied psychology in human resource management* (7th ed.). Upper Saddle River: Pearson Prentice Hall.

Chapman, D.S. & Zweig, D.I. (2005). Developing a nomological network for interview structure: Antecedents and consequences of the structured selection interview. *Personnel Psychology, 58,* 673–702. http://doi.org/10.1111/j.1744-6570.2005.00516.x

Conway, J.M., Jako, R.A. & Goodman, D.F. (1995). A meta-analysis of interrater and internal consistency reliability of selection interviews. *Journal of Applied Psychology, 80,* 565–579. http://doi.org/10.1037/0021-9010.80.5.565

Cortina, J. M., Goldstein, N. B., Payne, S. C., Davison, H. K. & Gilliland, S. W. (2000). The incremental validity of interview scores over and above cognitive ability and conscientiousness scores. *Personnel Psychology, 53,* 325–351. http://doi.org/10.1111/j.1744-6570.2000.tb00204.x

Deutsches Institut für Normung e. V. (2002). *DIN 33430: Anforderungen an Verfahren und deren Einsatz bei berufsbezogenen Eignungsbeurteilungen.* Berlin: Beuth.

Dipboye, R. L. (1997). Structured selection interviews: Why do they work? Why are they underutilized? In N. Anderson & P. Herriot (Eds.), *International Handbook of Selection and Assessment* (pp. 455–473). London: John Wiley & Sons.

Dipboye, R. L., Gaugler, B. B., Hayes, T. L. & Parker, D. (2001). The validity of unstructured panal interviews: More than meets the eye? *Journal of Business and Psychology, 16,* 35–49.

Downs, C. W. (1969). Perceptions of the selection interview. *Personnel Administration, 32,* 8–23.

Eckardt, H. H. & Schuler, H. (1992). Berufseignungsdiagnostik. In R. S. Jäger & F. Petermann (Hrsg.), *Psychologische Diagnostik* (S. 533–551). Weinheim: Psychologie Verlags Union.

Eder, R. W. & Harris, M. M. (1999). Employment interview research. In R. W. Eder & M. M. Harris (Eds.), *The employment interview handbook: Theory, research and practice* (2nd ed., pp. 1–27). Thousand Oaks: Sage.

Feldman, J. M. (1981). Beyond attribution theory: Cognitive processes in performance appraisal. *Journal of Applied Psychology, 66,* 127–148. http://doi.org/10.1037/0021-9010.66.2.127

Fiege, R., Muck, P. M. & Schuler, H. (2014). Mitarbeitergespräche. In H. Schuler & U. P. Kanning (Hrsg.), *Lehrbuch der Personalpsychologie* (3. Aufl., S. 765–811). Göttingen: Hogrefe.

Flanagan, J. C. (1954). The critical incident technique. *Psychological Bulletin, 51,* 327–358. http://doi.org/10.1037/h0061470

Forsythe, S. M. (1990). Effects of applicant's clothing on interviewer's decision to hire. *Journal of Applied Social Psychology, 20,* 1579–1595. http://doi.org/10.1111/j.1559-1816.1990.tb01494.x

Fruhner, R. & Schuler, H. (1987). Bewertung eignungsdiagnostischer Verfahren zur Personalauswahl durch potentielle Stellenbewerber. In G. Romkopf, W. D. Fröhlich & I. Lindner (Hrsg.), *Forschung und Praxis im Dialog. Entwicklungen und Perspektiven. Bericht über den 14. Kongreß für Angewandte Psychologie, Mainz, September 1987* (Band 1, S. 107–111). Bonn: Deutscher Psychologen Verlag.

Giordano, G., George, J., Marett, K. & Keane, B. (2011). Reviewers and the detection of deceptive information in recorded interviews. *Journal of Applied Social Psychology, 41,* 252–269. http://doi.org/10.1111/j.1559-1816.2010.00712.x

Griffin, B. (2014). The ability to identify criteria: Its relationship with social understanding, preparation, and impression management in affecting predictor performance in a high-stakes selection context. *Human Performance, 27,* 147–164. http://doi.org/10.1080/08959285.2014.882927

Hausknecht, J. P., Day, D. V. & Thomas, S. C. (2004). Applicant reactions to selection procedures: An updated model and meta-analysis. *Personnel Psychology, 57,* 639–683. http://doi.org/10.1111/j.1744-6570.2004.00003.x

Hell, B., Ptok, C. & Schuler, H. (2007). Methodik zur Ermittlung und Validierung von Anforderungen an Studierende (MEVAS). Anforderungsanalyse für das Fach Wirtschaftswissenschaften. *Zeitschrift für Arbeits- und Organisationspsychologie, 51,* 88–95. http://doi.org/10.1026/0932-4089.51.2.88

Hell, B., Schuler, H., Boramir, I. & Schaar, H. (2006). Verwendung und Einschätzung von Verfahren der internen Personalauswahl und Personalentwicklung im 10 Jahres-Vergleich. *Zeitschrift für Personalforschung, 20,* 58–78.

Hell, B., Schuler, H. & Päßler, K. (2010). *Der Orientierungstest (OT).* Verfügbar unter www.was-studiere-ich.de (Zugriff am 03. 06. 2013).

Hell, B., Trapmann, S., Weigand, S. & Schuler, H. (2007). Die Validität von Auswahlgesprächen im Rahmen der Hochschulzulassung – eine Metaanalyse. *Psychologische Rundschau, 58,* 93–102. http://doi.org/10.1026/0033-3042.58.2.93

Holland, J. L. (1997). *Making vocational choices: A theory of vocational personalities and work environments* (3rd ed.). Odessa: Psychological Assessment Resources, Inc.

Hossiep, R., Bittner, J. E. & Berndt, W. (2008). *Mitarbeitergespräche – motivierend, wirksam, nachhaltig.* Göttingen: Hogrefe.

Hoyningen-Huene, G. von (1997). *Der psychologische Test im Betrieb: Rechtsfragen für die Praxis.* Heidelberg: Sauer.

Huffcutt, A. I. & Arthur, W. Jr. (1994). Hunter and Hunter (1984) revisited: Interview validity for entry-level jobs. *Journal of Applied Psychology, 79,* 184–190. http://doi.org/10.1037/0021-9010.79.2.184

Huffcutt, A. I., Conway, J. M., Roth, P. L. & Klehe, U. (2004). The impact of job complexity and study design on situational and behavior description interview validity. *International Journal of Selection and Assessment, 12,* 262–273. http://doi.org/10.1111/j.0965-075X.2004.280_1.x

Huffcutt, A. I., Roth, P. & McDaniel, M. (1996). A meta-analytic investigation of cognitive ability in employment interview evaluations: Moderating characteristics and implications for incremental validity. *Journal of Applied Psychology, 81,* 459–473. http://doi.org/10.1037/0021-9010.81.5.459

Huffcutt, A. I. & Arthur, W. Jr. (1994). Hunter and Hunter (1984) revisited: Interview validity for entry-level jobs. *Journal of Applied Psychology, 79,* 184–190.

Huffcutt, A. I. & Woehr, D. J. (1999). Further analysis of employment interview validity: A quantitative evaluation of interviewer-related structuring methods. *Journal of Organizational Behavior, 20,* 549–560. http://doi.org/10.1002/(SICI)1099-1379(199907)20:4<549::AID-JOB921>3.0.CO;2-Q

Hunter, J. E. & Hunter, R. F. (1984). Validity and utility of alternative predictors of job performance. *Psychological Bulletin, 96,* 72–98.

Hunter, J. E. & Schmidt, F. L. (1982). Fitting people to jobs: The impact of personnel selection on national productivity. In E. A. Fleishman & M. D. Dunnette (Eds.), *Human performance and productivity: Vol. I, Human capability assessment* (pp. 232–284). Hillsdale: Erlbaum.

Hunter, J. E. & Schmidt, F. L. (2004). *Methods of meta-analysis: Correcting error and bias in research findings.* Newbury Park: Sage.

Imada, A. S. & Hakel, M. D. (1977). Influence of nonverbal communication and rater proximity on impressions and decisions in simulated employment interviews. *Journal of Applied Psychology, 62,* 295–300. http://doi.org/10.1037/0021-9010.62.3.295

Jansen, A., Melchers, K. G., König, C. J., Kleinmann, M., Brändli, M., Fraefel, L. & Lievens, F. (2010). *Candidates who correctly identify situational demands show better performance.* Paper presented at the 25th Annual Conference of the Society for Industrial and Organizational Psychology, Atlanta.

Janz, T. (1982). Initial comparisons of patterned behavior description interviews versus unstructured interviews. *Journal of Applied Psychology, 67,* 577–580. http://doi.org/10.1037/0021-9010.67.5.577

Janz, T., Hellervik, L. & Gilmore, D.C. (1986). *Behavior description interviewing. New, accurate, cost effective*. Newton: Allyn & Bacon.

Kanning, U.P. (2004). *Standards der Personaldiagnostik*. Berlin: Beuth.

Kanning, U.P. (2014). Prozess und Methoden der Personalentwicklung. In H. Schuler & U.P. Kanning (Hrsg.), *Lehrbuch der Personalpsychologie* (3. Aufl., S. 501–562). Göttingen: Hogrefe.

Kelbetz, G. & Schuler, H. (2002). Verbessert Vorerfahrung die Leistung im Assessment Center? *Zeitschrift für Personalpsychologie, 1,* 4–18.

Kelley, H.H. & Thibaut, J.W. (1978). *Interpersonal Relations*. New York: Wiley.

Kersting, M. (2006). *„DIN Screen" – Leitfaden zur Kontrolle und Optimierung der Qualität von Verfahren und deren Einsatz bei beruflichen Eignungsbeurteilungen*. Lengerich: Pabst.

Kersting, M. (2014). Qualitätsstandards der Personalauswahl. In H. Schuler & U.P. Kanning (Hrsg.), *Lehrbuch der Personalpsychologie* (3. Aufl., S. 325–356). Göttingen: Hogrefe.

Klehe, U.-C. & Latham, G.P. (2005). The predictive and incremental validity of the situational and patterned behavior descriptive interviews for teamplaying behavior. *International Journal of Selection and Assessment, 13,* 108–115. http://doi.org/10.1111/j.0965-075X.2005.00305.x

Kleinmann, M. (1993). Are rating dimensions in assessment centers transparent for participants? Consequences for criterion and construct validity. *Journal of Applied Psychology, 78,* 988–993. http://doi.org/10.1037/0021-9010.78.6.988

Kleinmann, M., Ingold, P.V., Lievens, F., Jansen, A., Melchers, K.G. & König, C.J. (2011). A different look at why selection procedures work: The role of candidates' ability to identify criteria. *Organizational Psychology Review, 1,* 128–146. http://doi.org/10.1177/2041386610387000

Kleinmann, M. & Klehe, U. (2011). Selling oneself: Construct and criterion-related validity of impression management in structured interviews. *Human Performance, 24,* 29–46. http://doi.org/10.1080/08959285.2010.530634

Koch, A. & Westhoff, K. (2012). *Task-Analysis-Tools (TAToo). Schritt für Schritt Unterstützung zur erfolgreichen Anforderungsanalyse.* Lengerich: Pabst.

König, C.J., Klehe, U.-C., Berchtold, M. & Kleinmann, M. (2010). Reasons for being selective when choosing personnel selection procedures. *International Journal of Selection and Assessment, 18,* 17–27. http://doi.org/10.1111/j.1468-2389.2010.00485.x

Latham, G.P. (1989). The reliability, validity, and practicality of the situational interview. In R.W. Eder & G.R. Ferris (Eds.), *The employment interview: Theory, research, and practice* (pp. 169–182). Thousand Oaks: Sage.

Latham, G.P. & Finnegan, B. (1993). Perceived practicality of unstructured, patterned, and situational interviews. In H. Schuler, J. Farr, & M. Smith (Eds.), *Personnel selection and assessment: Individual and organizational perspectives* (pp. 41–55). Hillsdale: Erlbaum.

Latham, G.P. & Sue-Chan, C. (1999). A meta-analysis of the situational interview: An enumerative review of reasons for its validity. *Canadian Psychology, 40,* 56–67.

Latham, G.P., Saari, L.M., Pursell, E.D. & Campion, M.A. (1980). The situational interview. *Journal of Applied Psychology, 65,* 422–427. http://doi.org/10.1037/0021-9010.65.4.422

Levashina, J. & Campion, M.A. (2007). Measuring faking in the employment interview: Development and validation of an interview faking behavior scale. *Journal of Applied Psychology, 92,* 1638–1656. http://doi.org/10.1037/0021-9010.92.6.1638

Levashina, J., Hartwell, C.J., Morgeson, F.P. & Campion, M.A. (2014). The structured employment interview: Narrative and quantitative review of the recent literature. *Personnel Psychology, 67,* 241–293. http://doi.org/10.1111/peps.12052

Macan, T. (2009). The employment interview: A review of current studies and directions for future research. *Human Resource Management Review, 19,* 203–218. http://doi.org/10.1016/j.hrmr.2009.03.006

Mael, F.A. (1991). A conceptual rationale for the domain and attributes of biodata items. *Personnel Psychology, 44,* 763–792. http://doi.org/10.1111/j.1744-6570.1991.tb00698.x

Marchese, M.C. & Muchinsky, P.M. (1993). The validity of the employment interview: A meta-analysis. *International Journal of Selection and Assessment, 1,* 18–26.

Maurer, T.J. & Solamon, J.M. (2006). The science and practice of a structured employment interview coaching program. *Personnel Psychology, 59,* 433–456. http://doi.org/10.1111/j.1744-6570.2006.00797.x

Maurer, T.J., Solamon, J.M. & Lippstreu, M. (2008). How does coaching interviewees affect the validity of structured interview? *Journal of Organization Behavior, 29,* 355–371.

Mayfield, E.C. (1964). The selection interview – a re-evaluation of published research. *Personnel Psychology, 17,* 239–260. http://doi.org/10.1111/j.1744-6570.1964.tb00065.x

McDaniel, M.A., Whetzel, D.L., Schmidt, F.L. & Maurer, S. (1994). The validity of employment interviews: A comprehensive review and meta-analysis. *Journal of Applied Psychology, 79,* 599–616.

Melchers, K.G., Kleinmann, M., Richter, G.M., König, C.J. & Klehe, U. (2004). Messen Einstellungsinterviews das, was sie messen sollen? Zur Bedeutung der Bewerberkognition über bewertetes Verhalten. *Zeitschrift für Personalpsychologie, 3,* 159–169. http://doi.org/10.1026/1617-6391.3.4.159

Melchers, K.G., Lienhardt, N., von Aarburg, M. & Kleinmann, M. (2011). Is more structure really better? A comparison of frame-of-reference training and descriptively anchored rating scales to improve interviewers' rating quality. *Personnel Psychology, 64,* 53–87. http://doi.org/10.1111/j.1744-6570.2010.01202.x

Morgeson, F., Reider, M., Campion, M. & Bull, R. (2008). Review of research on age discrimination in the employment interview. *Journal of Business & Psychology, 22,* 223–232. http://doi.org/10.1007/s10869-008-9066-0

Moscoso, S. (2000). Selection interview: A review of validity evidence, adverse impact and applicant reactions. *International Journal of Selection and Assessment, 8,* 237–247. http://doi.org/10.1111/1468-2389.00153

Mussel, P. (2007a). *Die Konstruktvalidität des Multimodalen Interviews.* Berlin: dissertation.de.

Mussel, P. (2007b). Einstellungsinterviews. In H. Schuler & K.-H. Sonntag (Hrsg.), *Handbuch der Arbeits- und Organisationspsychologie* (S. 503–510). Göttingen: Hogrefe.

Mussel, P., Frintrup, A., Pfeiffer, K. & Schuler, H. (2007). Vorauswahlmethoden für Assessment Center – Referenzmodell und Anwendung. In H. Schuler (Hrsg.), *Assessment Center zur Potenzialanalyse* (S. 330–345). Göttingen: Hogrefe.

Mussel, P., Görlich, Y. & Schuler, H. (2006). *Differences of SI and BDI: Is it really predictive validity?* Paper presented at the 21st annual conference of the Society of Industrial and Organizational Psychology, Dallas.

Myors, B., Lievens, F., Schollaert, E., Van Hoye, G., Cronshaw, S.F., Mladinic, A. et al. (2008). International perspectives on the legal environment for selection. *Industrial and Organizational Psychology: Perspectives on Science and Practice, 1,* 206–246. http://doi.org/10.1111/j.1754-9434.2008.00040.x

Peterson, N., Mumford, M., Borman, W., Jeanneret, P. & Fleishman, E. (1999). *An occupational information system for the 21st century: The development of O*NET.* Washington: American Psychological Association.

Ployhart, R.E. & Harold, C.M. (2004). The Applicant Attribution-Reaction Theory (AART): An integrative theory of applicant attributional processing. *International Journal of*

Selection and Assessment, 12, 84–98. http://doi.org/10.1111/j.0965-075X.2004.00266.x

Porter, L.W., Lawler, E.E. III & Hackman, J.R. (1975). *Behavior in organizations*. New York: McGraw-Hill.

Posthuma, R.A., Morgeson, F.P. & Campion, M.A. (2002). Beyond employment interview validity: A comprehensive narrative review of recent research and trends over time. *Personnel Psychology, 55,* 1–81. http://doi.org/10.1111/j.1744-6570.2002.tb00103.x

Pulakos, E.D., Schmitt, N., Whitney, D. & Smith, M. (1996). Individual differences in interviewer ratings: The impact of standardization, consensus discussion, and sampling error on the validity of a structured interview. *Personnel Psychology, 49,* 85–102. http://doi.org/10.1111/j.1744-6570.1996.tb01792.x

Püttner, I. (2014). Rechtliche Aspekte der Personalarbeit. In H. Schuler & U.P. Kanning (Hrsg.), *Lehrbuch der Personalpsychologie* (S. 1201–1226). Göttingen: Hogrefe.

Reilly, R.R. & Chao, G.R. (1982). Validity and fairness of some alternative employee selection procedures. *Personnel Psychology, 35,* 1–62.

Roth, P.L., & Campion, J.E. (1992). An analysis of the predictive power of the panel interview and pre-employment tests. *Journal of Occupational and Organizational Psychology, 65,* 51–60. http://doi.org/10.1111/j.2044-8325.1992.tb00483.x

Roth, P.L., Van Iddekinge, C.H., Huffcutt, A.I., Eidson, C.E. Jr. & Schmit, M.J. (2005). Personality saturation in structured interviews. *International Journal of Selection and Assessment, 13,* 261–273. http://doi.org/10.1111/j.1468-2389.2005.00323.x

Rowold, J., Hochholdinger, S. & Schaper, N. (2008). *Evaluation und Transfersicherung betrieblicher Trainings*. Göttingen: Hogrefe.

Rusbult, C.E. & Van Lange, P.M. (2003). Interdependence, interaction and relationships. *Annual Review of Psychology, 54,* 351–375. http://doi.org/10.1146/annurev.psych.54.101601.145059

Rynes, S.L. (1989). The employment interview as a recruitment device. In R.W. Eder & G.R. Ferris (Eds.), *The employment interview: Theory, research, and practice* (pp. 127–141). Thousand Oaks: Sage.

Salgado, J.F. & Moscoso, S. (1995). Validez de las entrevistas conductuales estructuradas [Validity of the behavior structured interview]. *Psicología del Trabajo y de las Organizaciones, 11,* 9–24.

Salgado, J.F. & Moscoso, S. (2002). Comprehensive meta-analysis of the construct validity of the employment interview. *European Journal of Work and Organizational Psychology, 11,* 299–324. http://doi.org/10.1080/13594320244000184

Schmidt, F.L. & Rader, M. (1999). Exploring the boundary conditions for interview validity: Meta-analytic validity findings for a new interview type. *Personnel Psychology, 52,* 445–464. http://doi.org/10.1111/j.1744-6570.1999.tb00169.x

Schmidt, F.L. & Zimmermann, R.D. (2004). A counterintuitive hypothesis about employment interview validity and some supporting evidence. *Journal of Applied Psychology, 89,* 553–561. http://doi.org/10.1037/0021-9010.89.3.553

Schmidt, K.-H. & Kleinbeck, U. (2004). Leistung und Leistungsförderung. In H. Schuler (Hrsg.), *Organisationspsychologie – Grundlagen und Personalpsychologie* (Enzyklopädie der Psychologie, Serie Wirtschafts-, Organisations- und Arbeitspsychologie, Bd. 3, S. 891–945). Göttingen: Hogrefe.

Schmitt, N. & Coyle, B.W. (1976). Applicants' decisions in the employment interview. *Journal of Applied Psychology, 61,* 184–192. http://doi.org/10.1037/0021-9010.61.2.184

Schuler, H. (1989). Construct validity of a multimodal employment interview. In B. J. Fallon, H. P. Pfister & J. Brebner (Eds.), *Advances in Industrial Organizational Psychology* (pp. 343–354). Amsterdam: Elsevier.

Schuler, H. (1990). Personalauswahl aus der Sicht der Bewerber: Zum Erleben eignungsdiagnostischer Situationen. *Zeitschrift für Arbeits- und Organisationspsychologie, 34,* 184–191.

Schuler, H. (1992). Das Multimodale Einstellungsinterview. *Diagnostica, 38,* 281–300.

Schuler, H. (1994). Selektion und Selbstselektion durch das Multimodale Interview. In L. von Rosenstiel, T. Lang & E. Sigl (Hrsg.), *Fach- und Führungsnachwuchs finden und fördern* (S. 97–112). Stuttgart: Schäffer-Poeschel.

Schuler, H. (1996). *Psychologische Personalauswahl. Einführung in die Berufseignungsdiagnostik.* Göttingen: Verlag für Angewandte Psychologie.

Schuler, H. (1999). Auswahl von Gründungsunternehmern mittels Interview – Ein Erfahrungsbericht. In K. Moser, B. Batinic & J. Zempel (Hrsg.), *Unternehmerisch erfolgreiches Handeln* (S. 145–153). Göttingen: Verlag für Angewandte Psychologie.

Schuler, H. (2000). Das Rätsel der Merkmals-Methoden-Effekte: Was ist „Potential und wie lässt es sich messen"? In L. von Rosenstiel & T. Lang-von Wins (Hrsg.), *Perspektiven der Potenzialbeurteilung* (S. 53–74). Göttingen: Hogrefe.

Schuler, H. (2002). *Das Einstellungsinterview.* Göttingen: Hogrefe.

Schuler, H. (2010). Noten als Prädiktoren von Studien- und Berufserfolg. In D. H. Rost (Hrsg.), *Handwörterbuch Pädagogische Psychologie* (S. 599–606). Weinheim: Beltz.

Schuler, H. (2014). *Psychologische Personalauswahl. Eignungsdiagnostik für Personalentscheidungen und Berufsberatung* (4. Aufl.). Göttingen: Hogrefe.

Schuler, H. & Brandenburg, T. (2003). Personalauswahl für 48.000 Bewerber. *Personalmagazin, 9,* 74–77.

Schuler, H., Frier, D. & Kaufmann, M. (1993). *Personalauswahl im europäischen Vergleich.* Göttingen: Hogrefe.

Schuler, H., Funke, U., Moser, K. & Donat, M. (1995). *Personalauswahl in Forschung und Entwicklung. Eignung und Leistung von Wissenschaftlern und Ingenieuren.* Göttingen: Hogrefe.

Schuler, H., Hell, B., Trapmann, S., Schaar, H. & Boramir, I. (2007). Die Nutzung psychologischer Verfahren der externen Personalauswahl in deutschen Unternehmen. *Zeitschrift für Personalpsychologie, 6,* 60–70. http://doi.org/10.1026/1617-6391.6.2.60

Schuler, H., Moser, K., Diemand, A. & Funke, U. (1995). Validität eines Einstellungsinterviews zur Prognose des Ausbildungserfolgs. *Zeitschrift für Pädagogische Psychologie, 9,* 45–54.

Schuler, H. & Schmitt, N. (1987). Multimodale Mesung in der Personalpsychologie. *Diagnostika, 33* (3), 259–271.

Schuler, H. & Stehle, W. (1983). Neuere Entwicklungen des Assessment Center-Ansatzes – beurteilt unter dem Aspekt der sozialen Validität. *Psychologie und Praxis,* 33–44.

Society for Industrial and Organizational Psychology (2003). *Principles for the validation and use of personnel selection procedures* (Fourth Edition). Available Online: http://siop.org/principles/principles.pdf

Steiner, D. D. & Gilliland, S. W. (1996). Fairness reactions to personnel selection techniques in France and the United States. *Journal of Applied Psychology, 81,* 134–141. http://doi.org/10.1037/0021-9010.81.2.134

Stephan, U. & Westhoff, K. (2002). Personalauswahlgespräche im Führungskräftebereich des deutschen Mittelstandes: Bestandsaufnahme und Einsparungspotenzial durch strukturierte Gespräche. *Wirtschaftspsychologie, 4,* 3–17.

Stewart, G.L., Dustin, S.L., Barrick, M.R. & Darnold, T.C. (2008). Exploring the handshake in employment interviews. *Journal of Applied Psychology, 93,* 1139–1146. http://doi.org/10.1037/0021-9010.93.5.1139

Strobel, A., Lammerskitten, E. & Glodek, R. (2010). Die Interview-Standards des Arbeitskreis Assessment Center e.V. – Entwicklung, Inhalte, Nutzen. *Wirtschaftspsychologie, 2,* 26–31.

Swider, B.W., Barrick, M.R., Harris, T. & Stoverink, A.C. (2011). Managing and creating an image in the interview: The role of interviewee initial impressions. *Journal of Applied Psychology, 96,* 1275–1288. http://doi.org/10.1037/a0024005

Taylor, P.J. & O'Driscoll, M.P. (1995). *Structured employment interviewing*. Hampshire: Gower Publishing Limited.

Taylor, P.J. & Small, B. (2002). Asking applicants what they would do versus what they did do: A meta-analytic comparison of situational and past behaviour employment interview questions. *Journal of Occupational & Organizational Psychology, 75,* 277–294.

Tett, R.P., Jackson, D.N. & Rothstein, M. (1991). Personality measures as predictors of job performance: A meta-analytic review. *Personnel Psychology, 44,* 703–742. http://doi.org/10.1111/j.1744-6570.1991.tb00696.x

Thornton, G.C. (1992). *Assessment center in human ressource management*. Reading: Addison-Wesley.

Thornton, G.I. (1993). The effect of selection practices on applicants' perceptions of organizational characteristics. In H. Schuler, J.L. Farr & M. Smith (Eds.), *Personnel selection and assessment: Individual and organizational perspectives* (pp. 57–69). Hillsdale: Erlbaum.

Trapmann, S., Hell, B. & Schuler, H. (2008). Konstruktion und Evaluation eines mehrstufigen Auswahlverfahrens für Lehramtsstudierende im Fach Biologie an der Universität Hohenheim. In H. Schuler & B. Hell (Hrsg.), *Studierendenauswahl und Studienentscheidung* (S. 168–177). Göttingen: Hogrefe.

Trost, G. (1986). Die Bedeutung des Interviews für die Diagnose der Studieneignung. Darstellung der internationalen Forschungsergebnisse. In R. Lohölter, K. Hinrichsen, G. Trost & St. Drolshagen (Hrsg.), *Das Interview bei der Zulassung zum Medizinstudium* (S. 49–80). Stuttgart: Schattauer.

Uhrbrock, R.S. (1948). The personnel interview. *Personnel Psychology, 1,* 273–302. http://doi.org/10.1111/j.1744-6570.1948.tb01309.x

Van Iddekinge, C.H., McFarland, L.A. & Raymark, P.H. (2007). Antecedents of impression management use and effectiveness in a structured interview. *Journal of Management, 33,* 752–773. http://doi.org/10.1177/0149206307305563

Van Iddekinge, C.H., Sager, C.E., Burnfield, J.L. & Heffner, T.S. (2006). The variability of criterion related validity estimates among interviewers and interview panels. *International Journal of Selection and Assessment, 14,* 193 205. http://doi.org/10.1111/j.1468-2389.2006.00352.x

Wagner, R. (1949). The employment interview: A critical summary. *Personnel Psychology, 2,* 17–46. http://doi.org/10.1111/j.1744-6570.1949.tb01669.x

Waldron, L.A. (1974). The validity of an employment interview independent of psychometric variables. *Australian Psychologist, 9,* 68–77. http://doi.org/10.1080/00050067408256500

Wanous, J.P. (1989). Installing a realistic job preview: Ten tough choices. *Personnel Psychology, 42,* 117–134. http://doi.org/10.1111/j.1744-6570.1989.tb01553.x

Westhoff, K. (2009). Eignungsinterview – Das Entscheidungsorientierte Gespräch (EOG) als Werkzeugkasten. *Report Psychologie, 34,* 258–271.

Westhoff, K., Hagemeister, C., Kersting, M., Lang, F., Moosbrugger, H., Reimann, G. & Stemmler, G. (Hrsg.). (2010). *Grundwissen für die berufsbezogene Eignungsbeurteilung nach DIN 33430* (3. Aufl.). Lengerich: Pabst.

Weuster, A. (1994). *Personalauswahl und Personalbeurteilung mit Arbeitszeugnissen*. Göttingen: Verlag für Angewandte Psychologie.

Wiesner, W. H. & Cronshaw, S. F. (1988). A meta-analytic investigation of the impact of interview format and degree of structure on the validity of the employment interview. *Journal of Occupational Psychology, 61,* 275–290. http://doi.org/10.1111/j.2044-8325.1988.tb00467.x

Wright, P. M., Lichtenfels, P. A. & Pursell, E. D. (1989). The structured interview: Additional studies and a meta-analysis. *Journal of Occupational Psychology, 62,* 191–199.